◎孟庆海 著

赏月季
玩月季
在线问答
100

SHANGYUEJI
WANYUEJI
ZAIXIAN WENDA 100

中国林业出版社

图书在版编目（CIP）数据

赏月季 玩月季 在线问答 100 / 孟庆海著 . — 北京：
中国林业出版社，2016.6

ISBN 978-7-5038-8531-0

Ⅰ.①赏… Ⅱ.①孟… Ⅲ.①月季—观赏园艺—问题
解答 Ⅳ.① S685.12-44

中国版本图书馆 CIP 数据核字 (2016) 第 094574 号

中国林业出版社·环境园林出版分社
责任编辑：印芳

出　　版：中国林业出版社
　　　　　（100009 北京西城区刘海胡同 7 号）
电　　话：010 - 83143565
发　　行：中国林业出版社
印　　刷：北京卡乐富印刷有限公司
版　　次：2016 年 5 月第 1 版
印　　次：2016 年 5 月第 1 次
开　　本：710mm×1000mm　1/16
印　　张：12
字　　数：300 千字
定　　价：59.00 元

前言

　　月季为蔷薇科蔷薇属花卉，中国十大传统名花之一，它那娇媚的花姿、妖艳的花色、沁人心脾的芳香，还有美丽动人的故事不知陶醉了多少人的心灵。千百年来被人们喜爱种植和赞美，形成了灿烂的月季文化。在很多国家，上至王室政要下至平民百姓，月季早已渗透到生活的方方面面。无论婚丧嫁娶、国事活动、还是走亲访友、家庭聚会等，始终伴随着月季美丽的倩影。月季优美的花容、厚重的历史、灿烂的文化，早已深深植根于广大人民群众的沃土之中。月季已成为跨越国界、跨越种族的世界性花卉。

　　随着人们生活品位、生活情趣以及文化素养的不断提升，追求闲情逸致莳花弄草已成为生活中不可或缺的一大乐趣，月季在我国历来有着广泛的群众基础，在月季文化传播不断扩大、应用范围不断扩大以及在人们耳闻目睹的亲身感受下，产生了大量的月季发烧友，这是一个庞大的爱好群体，发烧友们经历不同、身份不同、职业不同，但月季都是广大发烧友的共同爱好。发烧友们种植月季、痴迷月季，对月季表现出无限热爱之情，从一个侧面反映出发烧友们热爱生活的精神追求。

　　本书从服务于广大月季发烧友角度出发，以问答形式回答了广大月季发烧友们关心的问题，并分享了我曾参观过的多家世界著名的月季园景观图片。其内容广泛、丰富、言简意赅、通俗易懂、图文并茂、喜闻乐见。

　　我自20世纪80年代初始在失败、成功、再失败、再成功的周而复始中始终致力于月季栽培事业。应该说对月季有了一些肤浅认识和经验，我并没有彻底读懂月季，仅是栽培一项足以为之一生探索研究。

　　月季花开人欢笑，红霞万里映天宇。我是怀着满腔创作热情用较短时间完成本书创作的，时间匆忙，水平有限，恐有疏漏与不当，诚请专家学者斧正。在本书创作过程中承蒙崔宝田、方成、嵇同城、李振茹、刘晓进、戚维平、任鲁宁、盛增波、王俊荣、王祥、谢健、曾剑淮、张佐双、赵梁军、支秋娟（姓氏以汉语拼音顺序为序）等领导和朋友们的鼎力支持，值此本书出版之际，我谨向你们鞠躬致谢。

　　　　　　　　　　　　　　　　　　　　　　黄永海

　　　　　　　　　　　　　　　　　　　　　　2016.04.14

目录

PART 1

月季类别品种

　　这是一个困扰了人们多年的老问题，难问题，将月季说成玫瑰，将玫瑰说成月季，将月季说成蔷薇，三者混为一谈。这三者从植物学角度讲有亲缘关系，同属蔷薇科蔷薇属植物，是一个家族中三个不同的姐妹。

　　月季：品种颜色、花型、香型极为丰富，连续开花，花径平均6cm，叶片具光泽且平整，小叶5~7片，刺体数量总体较少，枝条光滑而顾长，总体生长速度较玫瑰缓慢，无论盆栽、地栽、盆景、瓶插、展览、造景等，都极具观赏价值。

　　玫瑰：品种较少、颜色单一。通常只有粉色、粉红色、白色品种，其花型有裂心型、不规则型、平盘型等。花径平均3cm，绝大多数品种一年一季花，花期约一个月，较月季开花早。叶片表面具有刚毛，小叶7~9片，刺体排列密集，枝条纤细节间短小，侧枝繁多，耐寒、耐旱、耐贫瘠、耐盐碱，生长迅速，呈规则的灌木状。扦插嫁接繁殖较月季容易成活。玫瑰花是制作玫瑰油、玫瑰酒、玫瑰茶、玫瑰酱等的主要原材料。

　　蔷薇：原始而古老，我国野生种分布极广。蔷薇颜色通常只有粉色、粉红色、白色、黄色，但黄色极为罕见，最常见的为白色和粉色。花型多为裂心平盘等单一花型。绝大多数品种不具香味或香味极为清淡。一年一季花，极个别品种春秋两季花，与玫瑰花期相当。叶片具光泽且平整，小叶9~11片排列，刺体数量总体较少，枝条光滑顾长。总体生长速度快于玫瑰，更胜于月季，蔷薇是三者中生长速度最快者，一般一年生枝条即可达一米以上。蔷薇中的绝大多数品种没有被人类利用，只有极少数园艺种被用于嫁接砧木，或绿篱、丛植、孤植、花廊种植等。

1	1.玫瑰
2	2.月季
3	3.蔷薇

月季是一个亲缘关系极复杂的植物种群，类型与类型之间，品种与品种之间，古老月季与现代月季之间，野生种与人工杂交种之间，相互渗透、交叉、甚至重叠。随着时间的推移，月季种群的发生发展和演变规律不断经过自然与人为的改造。历经二三百年的漫长岁月，在灿若星河的月季品种中，西方的月季专家总结出它们之间的相同点与不同点、亲缘关系、形态性状等，最终建立并形成几大月季分类模型，这几大模型虽出自不同国家，不同年代，但大同小异。

目前，我国运用的是美国月季协会制定的关于月季类型的划分标准，世界上大多数国家采用这一标准。

l. 杂种茶香月季（Hybrid Tea Roses，简称HT）

这类月季是构成现代月季的主体，当然也是现代月季最重要的组成部分，其亲缘关系极为复杂。截至目前共有三万余种现代月季，此类月季品种数量约占一半，当之无愧成为现代月季的"王者"。

这一类型的主要特点是树形美观匀称、健壮高大，叶片具光泽、半光泽，或无光泽，较为平整，通常小叶5~7片，枝条较为粗壮，刺体密度有稀有密，总体来讲，密度一般。花色极为丰富，几乎囊括了花卉世界中所有的花色。花型则有平盘、裂心、高心、开心、莲座、球形等十几种。香味有柠檬香、苹果香、甜香以及复合香味等十几种。花开艳丽、花朵硕大，并具普遍性。这一类型还具有反复开花的优良习性，比较抗病，给药后效果明显。繁殖方面，无论扦插、嫁接还是组织培养等，只要手法得当成活率很高。

2. 丰花月季（Floribunda Roses，简称Fl）

产生于一百多年前的欧洲，最初由丹麦人斯文·鲍尔森（Seuen Paulsen）推广开来，丰花月季无论是株高、花径、叶面等，均是杂种茶香月季的缩小版，株高以成株为例，矮者约40cm，高者约100cm，花径平均5cm左右，虽然花径较短，但继承了杂种茶香月季几乎所有的花型和反复开花的优良习性，而香味方面，绝大多数品种远不及杂种茶香月季。1985年，英国的瑟利坦（Sheridan）成功培育了浓香品种'希拉之乡'（'Sheila's Perfume'），从此改写了丰花月季没有浓香品种的历史。这一类型一般以扦插繁殖为主，个别品种采取嫁接繁殖方式。

3. 藤本月季（Climbing Roses，简称CL）

藤本月季主要由一年一季花和一年多季花的藤本品种组成。一年一季花的藤本品种是野生蔷薇与杂种茶香月季、丰花月季、微型月季芽变而产

01 灌木月季

02 杂种茶香月季（大花月季）

03 丰花月季

04 藤本月季

生的系列品种。一年多季花的藤本品种其亲缘关系更加复杂，被认为是由野生蔷薇与杂种茶香月季、杂种麝香蔷薇与杂种茶香月季、波旁月季以及杂种茶香月季、杂种长春月季、丰花月季的芽变等产生的系列品种，对现代月季产生了极其深远的影响。

藤本月季是所有现代月季类型中植株最高大强健的一个类型。叶片硕大，具光泽、半光泽或无光泽，较为平整，通常小叶5~7片排列。成株无论骨干枝还是侧分枝，其抽生能力特别强大且强健粗壮，绝大多数品种骨干枝的平均长度在1.5~2.5m以上甚至更长，刺体密度有稀有密。花色几乎囊括了杂种茶香月季所有的颜色，花型则有平盘、高心、裂心、开心、莲座、球形等十几种。花朵有的品种单，有的品种簇生，形成大而密的花束状，小而集中。香味有柠檬香、苹果香、甜香以及复合香味等十几种。

藤本月季较抗病害，给药后效果明显，繁殖方式多以扦插为主，有些品种因自身根系少、弱等原因，则需嫁接扩繁。

4. 微型月季（Miniatures Roses，简称Min）

微型月季无论是植株高度、强健程度、花径花型、叶面积、刺体等都是丰花月季的缩小版，是所有月季类型中最小的一个类型，真可谓"迷你"型月季。其浓香品种极为罕见，一般以不香或淡香居多。微型月季，成株高30~40cm，一般不超过50cm，枝条纤细密集，刺体有稀有密，平均密度一般。花径平均只有3cm。虽然花朵微小，但几乎囊括了丰花月季所有的花型花色。微型月季同样遗传了杂种茶香月季的基因，同样也是杂种茶香月季的缩小版。

微型月季的鼻祖源自中国的'月月红'、'月月粉'，是18世纪被引入欧洲，与欧洲本土月季以及野生蔷薇等进行一系列杂交而产生，今已育成近千种。

微型月季适宜盆栽、盆景制作、花坛种植、镶边种植、园林小品点缀性种植等。

5. 灌木月季（Shrub Roses，简称S）

灌木月季是具有攀援和蔓生性生长形态在内的多种类型的综合体。很多时候它们差异微小，许多品种处于二者之间的"临界线"状态。

灌木月季具有攀援性、匍匐蔓生性等多种形态，有的品种像极了丰花月季，还有的具有杂种茶香月季的高大强健，也有的具有微型月季纤细小巧。

灌木月季花色花型十分丰富，重复开花性极强，高温高湿季节一般不染黑斑病，扦插成活率与成活质量很高。

微型月季

杂种茶香月季品种非常多，本问从浓香和硕大两个特点的品种中精选代表品种做简明介绍。

浓香代表品种

色系	品种	培育年代及国家	所获奖项
白色系	白圣诞 FL（White Christmas）	1953年美国	
	白闪电FL（White Lightning）	1979年美国	AARS
黄色系	美妙HT（Delicia）	1982年德国	
	香金HT（Duft Gold）	1982年德国	
	太阳精灵HT（Sunspirte）	1974年德国	
	阿瑟·贝尔FL（Arthur Bell）	1965年北爱尔兰	
	荷兰黄金HT（Dutch Gold）	1978年英国	
	热望HT（Warm Wishes）	1994年英国	
	瓦伦西亚HT（Valencia）	1989年法国	
	天津乙女HT（Amatsu Dtome）	1960年日本	
橙色系	安·维克多HT（Ann Factor）	1974年美国	
	约翰·华尔克HT（Johnnie Walker）	1983年英国	
	太阳星HT（Sunstar）	1917年英国	NRS（1917年）
	香乐FL（Fragrant Delight）	1978年英国	
粉红色系	玫瑰乐园HT（Eden Rose）	1950年法国	NRS（1950年）
	埃菲尔铁塔HT（Eiffel Tower）	1963年美国	日内瓦金奖、 Rome GM（1963年）
	友谊HT（Friendship）	1979年美国	AARS（1979年）
	粉和平HT（Pink Peace）	1959年法国	
	肖像HT（Portrait）	1971年美国	AARS（1972年）
	似锦HT（Promise）	1976年美国	
朱红色系	特兰姆米切FL（Traumerci）	1974年德国	
	香云HT（Duftwolk）	1963年德国	Portland GM（1967年）、NRS、The James Alexander Gamble Fragrance Award（1969年）

注：本书表格中的月季品种名省去了单引号（''），后同。

01 '和平'（'Peace'）

02 '紫云'（'Shiun'）

03 '瓦伦西亚'（'Valencia'）

04 '肖像'（'Portrait'）

05 '吉普赛'（'Gypsy'）

06 '东方快车'（'Orient express'）

07 '玛瓦利'（'Marvelle'）

08 '赞歌'（'讚歌'）

09 '古龙'（'Kronenboury'）

10 '库菲科尼根'（'Kupferkonigin'）

11 '阿班斯'（'Ambiance'）

12 '爱'（'Love'）

色系	品种	培育年代及国家	所获奖项
红色	安东尼亚·里奇HT (Antonia Ridge)	1976年法国	
	黑夫人HT(Black Lady)	1979年德国	
	晚安HT(Bonne Nuit)	1956年法国	
	黑王HT(Charles Mallerin)	1951年法国	
	珠墨双辉HT(Crimson Glorg)	1935年德国	NRS (1936年) 、The James Alexander Gamble Fragrance Award (1961年)
	爸爸梅朗帝HT(Papa Meilland)	1963年法国	
	桑戈尔总统HT(President L. Senghor)	1978年法国	
	雷达HT(Radar)	1953年美国	
	红狮子HT(Red Lion)	1964年英国	
蓝紫色	仙容FL(Angel Face)	1968年美国	AARS (1969年) 、ARS John Cook (1971年)
	蓝香HT(Blue Parfum)	1979年德国	
	蓝河HT(Blue River)	1984年德国	
	引人入胜HT(Intrigue)	1984年美国	AARS (1984年)
	姹紫HT(Lavender Charm)	1960年美国	
	银币HT(Ster Silver)	1957年美国	
表里双色	色奇HT(Color Wonder)	1964年德国	
	鲍登姑娘HT(Gail Borden)	1957年德国	NRS (1957年)
	朗古丹夫人HT(Mme Rene' Coty)	1955年法国	
	我的选择HT(My Cholce)	1958年英国	NRS (1958年) 、Portland GM(1961年)
混合色	亚瑟·贝尔FL(Arthur Bell)	1965年英国	
	美丽HT(Beaute)	1953年法国	
	百老汇HT(Broadway)	1986年美国	AARS(1986年)
	伊丽莎白盖拉米斯FL(Elizabeth of Glamis)	1963年美国	NRS(1963年)
	民俗HT(Folklore)	1977年德国	
	大庆祝HT(Grand Gala)	1954年法国	
	红双喜HT(Double Delight)	1977年美国	Baden-Baden GM、 Rome GM (1976年) 、AARS (1977年) 、The James Alexander Gamble Fragrance Award (1986年)
	拉裘拉HT(La Jalla)	1954年美国	
	蒙特卡洛HT(Monte Carlo)	1949年美国	NRS (1950年)
	货郎HT(Premier Bal)	1955年法国	
	希拉之香FL(Sheila's Perfume)	1985年英国	Edland Fragrance Award (1981年) 、 Royal Natoual Rose Society Torridge Award (1991年) 、Glasgow Silver Medal (1989年) 、Glasgow Fargrance Award (1989年)
	蒂芬HT(Tiffany)	1954年美国	AARS (1955年) 、The James Alexander Gamble Fragrance Award (1962年)

1	2	3
4		5
6		7
8		9
10	11	12

01 '彩云'（'彩雲'）

02 '吉祥'（'Mascotte'）

03 '大奖章'（'Medallion'）

04 '丹顶'（'丹頂'）

05 '绯扇'（'緋扇'）

06 '红双喜'（'Double delight'）

07 '花车'（'花車'）

08 '杰斯特·乔伊'（'Just joey'）

09 '梅朗随想曲'（'Capricedmeilland'）

10 '摩纳哥公主'（'Pricesse de Monaco'）

11 '荣光'（'榮光'）

12 '幽会'（'Love's meeting'）

硕大代表品种

色系	品种	培育年代及国家	所获奖项
白色	晚星HT（Evening Star）	1974年美国	Belfast GM（1977年）
	肯尼迪HT（J.F.Kennedy）	1963年美国	
	北极星HT（Polarstern）	1982年法国	
	纯洁HT（Pristine）	1979年美国	
	白圣诞HT（White Christmas）	1953年美国	
	白杰作（White Masterpiece）	1972年美国	
	飘度斯HT（Peaudouce）	1983年美国	
黄色	阿波罗HT（Apollo）	1971年美国	AARS（1972年）
	金巨人HT（Golden Giant）	1960年德国	NRS（1960年）
	黄杰作HT（Golden Materpiece）	1954年美国	
	金凤凰HT（Golden Scepter）	1947年荷兰	
	伦度拉HT（Landora）	1970年德国	新西兰金奖、JRC金奖（1973年）
	迎宾HT（Parador）	1978年法国	
	和平HT（Peace）	1945年法国	Portland GM（1944年），AAR（1946年），ARS、NRS金奖（1947年），海牙金月季奖（1965年）
	法尔茨黄金HT（Pfalzer Gold）	1981年德国	
	秋月HT（Shugetsu）	1983年日本	
橙色	安·法克多HT（Ann Factor）	1974年美国	
	安提瓜HT（Antigua）	1972年美国	日内瓦金奖（1974年）
	白兰地HT（Brandy）	1981年美国	AARS（1982年）
	杰斯特·乔伊HT（Just Joey）	1972年美国	NRS金奖（1986年），RHS Award of Garden Merit（1993年），World's Favorite Rose（1993,1994年）
	大奖章HT（Medatlion）	1973年美国	ARRS（1973年）

色系	品种	培育年代及国家	所获奖项
粉红色	长梦HT（Big Dream）	1984年美国	
	月亮女神HT（Cynthia）	1975年美国	
	埃斯米拉达HT（Esmeralda）	1980年德国	
	一等奖HT（First Prize）	1970年美国	ARRS（1970年）
	友谊HT（Friendship）	1977年美国	ARRS（1979年）
	曼目林HT（Memoriam）	1960年美国	Portland GM（1961年）
	粉和平HT（Pink Peace）	1959年法国	
	似锦HT（Promise）	1976年美国	
	友禅HT（Yuzen）	1983年日本	
朱红色	福多拉HT（Futura）	1975年美国	
	吉普赛HT（Gypsy）	1972年美国	AARS(1973年)
	绯扇HT（Hiogi）	1982年日本	
红色	黑王HT（Charles Mallerin）	1951年法国	
	大杰作HT（Grand Masterpiece）	1981年美国	
	红和平HT（Red Peace）	1950年德国	NRS（1950年）
	奥林匹亚HT（Olympiad）	1984年新西兰	AARS（1984年）
	梅朗口红HT（Rouge Meilland）	1983年法国	
蓝紫色	传家宝HT（Heirloom）	1971年美国	
	爱克斯夫人HT（Lady X）	1986年法国	
	姹紫HT（Lavender Charm）	1960年美国	
表里双色	白佳佐HT（Bajazzo）	1961年德国	
	加利娃达HT（Gallivarda）	1980年德国	
	马德拉斯HT（Madras）	1981年美国	
	我亲爱的HT（Mon Cheri）	1982年美国	AARS（1982年）
	我的选择HT（My Choice）	1958年英国	NRS（1958年），Portland GM（1961年）
混和色	阿尔蒂斯75HT（Altesse）	1975年法国	
	百老汇HT（Broadway）	1986年美国	ARRS（1986年）
	异彩HT（Color Magic）	1978年美国	AARS（1978年）
	红双喜HT（Double Delight）	1977年美国	Baden-Baden、Rome GM（1976年），ARRS（1977年），The James Alexander Gamble Fragrance Award（1986年）
	第一夫人南希HT（First Lady Nacy）	1982年美国	
	奥利匹克火炬HT（Olympic Torch）	1966年日本	新西兰金奖（1971年）
	唯米HT（Wimi）	1983年德国	
	荣光HT（Eiko）	1978年日本	

藤本月季以良好的攀援效果、枝繁叶盛、花开繁多、多季见花和比较好的抗病性为显著特点。达到这些要求的品种非常丰富，以下品种只是其中一小部分。

色系	品种	培育年代及国家	所获奖项
白色	新的曙光cl（New Dawn）	1930年美国	
	天鹅湖cl（Swan Lake）	1968年北爱尔兰	RHS Award of Garden Merit（1993年），WFRS、World's Favorite Rose（1977年）
黄色	金色捧花cl（Golden Showers）	1957年美国	ARRS、Portland GM（1957年），RHS Award of Garden Merit（1993年）
红色	至高无上cl（Altissimo）	1966年英国	
橙黄色	西方大地cl（Westerland）	1969年德国	
	真金cl（Evergold）	1966年德国	
朱红色	橘红火焰cl（Orange Fire）	1988年德国	
	橘红梅兰迪娜cl（Orange Melliandina）	1986年法国	
粉色	游行cl（Parade）	1953年美国	
	美利坚cl（America）	1976年美国	ARRS（1976年），RHS Award of Garden Merit（1993年）
	拉维尼亚cl（Lawinia）	1980年德国	
	同情cl（Compassion）	1972年英国	Baden-Baden GM（1975年），National Rose Society Fragrance Medal（1973年），Anerkannnte Deutsche Rose（1976年），RHS Award of Garden Merit（1993年）
混和色	光谱cl（Spectra）	1983年法国	
	汉德尔cl（Handel）	1965年英国	
	约瑟彩衣cl（Joseph's Coot）	1964年美国	

1	2
3	4
5	6

01　同情（compassion）

02　金色捧花（golden showers）

03　至高无上（altissimo）

04　游行（parded）

05　西方大地（westerland）

06　光谱（spectra）

具有百余年历史的德国柯德斯月季繁育公司内景。

005　如何评价月季的"好"与"不好"?

　　世界上的现代月季品种目前已超过了3万余个品种,在单一的花卉种群中品种数量如此庞大,这在整个花卉世界中是极其罕见的!现代月季历经数百年沧桑演变发展至今,是一代又一代的中外月季育种家努力的结果,每一个育成品种都需数年时间,每一个育成品种都来之不易,因此月季品种没有好与不好之分,只有先育和后育之别。

006　市场上常说的"欧月"属于什么类型?

　　这些年月季市场上常常听到"欧月"这个词,应该是欧洲月季的简称。其实目前国内市场上销售以及城市绿化所采用的月季品种(扩繁株),其原种绝大部分源自欧洲。从这个角度讲,它们都可以称作"欧月",但事实是到目前为止,包括世界月季联合会在内的任何国际月季专业组织或机构没有将某个月季类型命名为"欧洲月季"。

　　花友们所说的"欧月"其实大都是以下这种月季:花型比较特殊,既不同于现代月季又有别于古老月季,其典型的花型是花朵整体呈浑圆状,随着逐渐开放外瓣边缘呈盆沿状,逐步向内层层叠叠扭曲密集,而心瓣则更加扭曲凌乱,花瓣在整个开放过程中自始至终保持平头,像极了一刀切开的包心菜(圆白菜),故称包心菜花型,而月季的经典花型是卷边翘角心瓣高耸,具有强烈的立体感。英国"奥斯汀"月季育种公司培育的月季品种中,很多属于这种花型。

具包心菜花型的代表品种

1
2

01 德国柯德斯育种公司温室内的月季新品种生长健壮整齐。

02 公司内花朵硕大色彩奇特的月季新品种。

007 如何鉴定月季品种?

三万余种月季，每个品种间的植株形态、刺体形状与密度、枝条弯曲度光滑度、叶形等近30个植物学性状都有细微差别，这也是月季品种多样性、复杂性的具体体现，那么如何才能凭借我们的肉眼准确鉴定月季品种呢？应从以下方面进行认真观察。

1.初开花色	8.瓣数	15.嫩枝颜色	22.叶基形
2.后期花色	9.瓣形	16.成熟枝颜色	23.叶缘锯齿
3.单朵花期	10.花蕾形态	17.叶色	24.刺体形态
4.花型	11.花萼形态	18.叶面积	25.刺体密度
5.花径	12.子房形态	19.叶形	26.刺体大小
6.花香	13.花梗长度	20.叶顶形	27.枝条曲直
7.花心	14.刚毛	21.叶光泽度	

在众多的性状中，叶片与花型、花色是鉴定月季品种最直接的依据，其中最重要的是叶片，叶片是承载并反映品种差异最主要的载体。

008 为什么有的月季香气浓烈,有的清淡?

月季阵阵花香是如何产生的呢？途径之一是花朵薄壁组织中的油细胞分泌出芳香油，而芳香油很容易扩散至空气中，我们就能闻到了，而且这种香味比较浓烈。不过油细胞不是所有的品种都有的，有的只含有配糖体，这种物质并非芳香油，不过也能散发香气，只是很清淡，这是途径之二。所以途径不同，花香的浓烈程度也不同。

009 市场有蓝色的切花月季,月季有蓝色的品种吗?

市场上出售的蓝色切花月季，非常诱人，实际上这种蓝色切花月季是用高浓度的蓝色液体染料染成的，使一朵原本白色或黄色的切花月季变成蓝色。但相信随着育种技术的快速发展，真正的蓝色月季一定会呈现在人们面前。

01 德国柯德斯育种公司月季育种基地，母本授粉后的结实性十分理想。

02 果实特写。

03 选择后的穗芽低温保存。

PART **2**

盆栽月季

　　盆栽月季的基本要求是株型优美，枝叶匀称，连续开花，花朵繁多，以下是经过长期实践证明的适宜盆栽的部分代表品种。

杂种茶香月季（HT）

色系	品种	培育年代及国家	所获奖项
白色	雅典娜（Athena）	1982年 德国	
	杰·肯尼迪（J·F·Kennedy）	1963年 美国	
	纯洁（Pristine）	1979年 美国	
	白闪电（White Lightning）	1979年 美国	AARS（1981年）
黄色	阿道夫·霍尔斯曼（Adolf Horstmann）	1971年 德国	
	金丝雀（Canrary）	1972年 德国	
	香金（Duft Gold）	1982年 德国	
	金光（Gold Glow）	1959年 美国	
	金婚纪念（Golden Jubilee）	1981年 英国	
	黄杰作（Golden Masterpiece）	1954年 美国	
	金牌（Golden Medaillon）	1984年 德国	
	海尔穆特·施密特（Helmut Schmidt）	1981年 德国	
	伦多拉（Landora）	1970年 德国	JRC金奖及新西兰金奖（1973年）
	勒司提卡（Lustica）	1982年 法国	
	旭日（New Day）	1972年 德国	
	和平（Peace）	1945年 法国	Portland GM（1944年），AARS（1946年），ARS、NRS金奖（1947年），海牙金月季奖（1965年）
	漂度斯（Peaudouce）	1985年 英国	Portland GM（1944年），AARS（1946年），ARS、NRS金奖（1947年），海牙金月季奖（1965年）
	法尔茨黄金（Pfalzer Gold）	1981年 德国	
	阳光灿烂（Sunbright）	1983年 美国	
	稻田（Ineda）	1971年 日本	
橙色	大使（Ambassador）	1977年 德国	
	白兰地（Brandy）	1981年 美国	ARRS（1982年）
	金奖章（Gold Medal）	1982年 美国	
	杰.乔伊(Just Joey)	1972年 美国	
	大奖章（Medallion）	1973年 美国	AARS（1973年）
	威士忌（Wiskey）	1967年 德国	
	王朝（Ocho）	1983年 日本	

01　德国柯德斯育种
公司内的月季园静谧而
美丽。

02　柯德斯月季繁育公
司办公区。

色系	品种	培育年代及国家	所获奖项
粉红色	月亮女神（Cynthia）	1975年美国	
	埃斯米达拉（Esmeralda）	1980年德国	
	初恋（First Love）	1951年美国	AARS（1970年），ARS Gertrude M. Hubbard金奖（1971年）
	友谊（Friendship）	1979年美国	AARS（1979年）
	朱诺（Juno）	1959年法国	
	维拉夫人（Lady Vera）	1974年澳大利亚	
	香欢喜（Perfume Delight）	1974年美国	AARS（1974年）
	粉和平（Pink Peace）	1959年法国	
	似锦（Promise）	1976年美国	
	伊丽莎白女王（Queen Elizabeth）	1954年美国	AARS、NRS（1955年），ARS Gertrude M. Hubbard金奖（1957年），ARS金奖（1960年），Hague金月季奖（1968年）
	南海（South Seas）	1962年美国	
	女神（Megami）	1973年日本	
	歌魔（Utamaro）	1980年日本	
	友禅（Yuzen）	1983年日本	
朱红色	红茶（Black Tea）	1973年日本	
	樱桃白兰地（Cherry Brandy）	1965年德国	
	香云（Duftwolk）	1963年德国	NRS（1963年），Portland GM(1967年)，The James Alexander Gamble Fragrance Award（1969年）
	吉普赛（Gypsy）	1972年美国	AARS（1973年）
	月季夫人（Lady Rose）	1980年德国	Belfast（1981年）
	幽会（Lover's Meeting）	1980年英国	
	新万福玛丽亚（New Ave Maria）	1983年德国	
	超级明星（Super Star）	1960年德国	NRS金奖（1960年），AARS（1963年），ARS金奖（1967年）
	赤阳（Sekiye）	1975年日本	
	朱王（Shuo）	1983年日本	
	绯扇（Hiogi）	1982年日本	
红色	黑夫人（Black Lady）	1979年德国	
	珠墨双辉（Crimson Glory）	1935年德国	NRS金奖（1936年），The James Alexander Gamble Fragrance Award（1961年）
	大杰作（Grand Masterpiece）	1981年美国	
	爸爸米郎蒂（Papa Meilland）	1963年德国	
	红杰作（Red Masterpiece）	1974年美国	
	梅朗口红（Rouge Meilland）	1983年德国	
	萨姆拉衣（Samourai）	1966年法国	ARRS（1968年）
	宴（Utage）	1979年日本	
蓝紫色	蓝月（Blue Moon）	1964年德国	Rome GM（1964年）
	蓝香（Blue Parfum）	1979年德国	
	蓝河（Blue River）	1984年德国	
	传家宝（Heirloom）	1971年美国	
	紫云（Shium）	1984年日本	

色系	品种	培育年代及国家	所获奖项
表里双色	立体色（Color Wonder）	1964年德国	
	金背大红（Condesta de Sastago）	1933年西班牙，1933年获罗马金奖	
	古龙（Kronenbourg）	1965年英国	
	拉斯韦加斯（Las Vegas）	1982年德国	日内瓦金奖（1985年）
	爱（Love）	1980年美国	AARS（1980年）
	我亲爱的（Mon Cheri）	1982年美国	AARS（1982年）
	我的选择（My Choice）	1958年英国	NRS（1958年），Portland GM（1961年）
	奥西利亚（Osiria）	1975年德国	
混色	阿尔蒂斯75（Altesse 75）	1975年法国	
	秋（Autumn）	1928年美国	
	百老汇（Broadway）	1986年美国	AARS（1986年）
	冠军（Champion）	1977年英国	
	花魂（Chirairy）	1977年英国	
	信用（Confidence）	1951年法国	Bagatelle 金奖（1951年）
	红双喜（Double Delight）	1977年美国	Baden-Baden、Rome GM（1976年），AARS（1977年），The James Alexander Gamble Fragrance Award（1986年）
	魅力（Pascinaton）	1982年美国	
	民俗（Folklore）	1977年德国	
	弗罗森82（Frohsinn' 82）	1982法国	
	电钟（Funkuhr）	1984年德国	
	吉祥（Mascotte）	1977年法国	Belfast金奖（1979年）
	摩纳哥公主（Princesse de Monaco）	1982年 法国	
	蒂芬（Tiffany）	1954年美国	AARS（1955年），ARS David Fuerstenbery（1957年），The James Alexander Gamble Fragrance Award（1962年）
	唯米（Wimi）	1983年德国	
	朝云（Asagumo）	1973年日本	
	荣光（Eiko）	1978年日本	

丰花月季

色系	品种	培育年代及国家	所获奖项
白色	香槟酒（Champagner）	1983年德国	
	法国花边（French Lace）	1982年美国	AARS（1982年）
	冰山（Iceberg）	1958年法国	NRS金奖，Baden-Baden金奖（1958年）
	萨拉托加（Satatoga）	1964年 美国	AARS（1964年）
黄色	金杯（Gold Cup）	1957年美国	
	黄金时代（Golden Times）	1976年德国	
	太阳火焰（Sun Flare）	1982年美国	日本金奖（1981年），AARS（1983年）
	太阳仙子（Sunsprite）	1973年德国1	Baden-Baden金奖（1972年）
橙色	金玛丽（Goldmarie）	1958年德国	
	蒙娜丽莎（Monallisa）	1980年德国	

色系	品种	培育年代及国家	所获奖项
粉红色	珍品（Cherish）	1979年美国	AARS（1980年）
	莫伯桑（Gug de Maupassant）	1996年法国	
	杏花村（Betty Prior）	1935年西班牙	
朱红色	火王（Fire King）	1958年法国	AARS（1960年）
	激情（Impatient）	1984年美国	AARS（1984年）
	玛丽娜（Marina）	1974年德国	AARS（1981年）
	法国小姐（Miss France）	1955年法国	
	杰出（Prominent）	1971年法国	Pontland GM、AARS（1977年）
	佐丽娜（Zorina）	1963年美国	
	花房（Hanabusa）	1981年日本	
红色	万岁（Uiva）	1974年美国	
	朱美（Akime）	1977年日本	
	曼海姆（SohlossMannieim）	1975年德国	
蓝紫色	仙容（Angle Face）	1968年美国	AARS（1969年），ARS John Cook（1971年）
	雪青姑娘（Lavender Girl）	1958年法国	
	震惊的兰（Shocking Blue）	1975年德国	
表里双色	巴希亚（bahia）	1974年美国	AARS（1974年）
	斗牛士（matador）	1972年法国	
	罗马节日（Romen Holiday）	1966年美国1967年获AARS奖	
	锦绘（Nishikle）	1980年日本	
混合系	肯地亚（Candia）	1980年法国	
	却列斯迈（Charisma）	1977年美国 1978年获AARS奖	
	马戏团（Circus）	1956年美国	日内瓦金奖、NRS金奖(1955年)、AARS（1956年）
	伦特那（Len Turner）	1926年英国	
	红金（Redgold）	1971年英国	AARS（1971年）
	希拉之香（Shelias Perfume）	1985年英国	
	八千代锦（Yachiyohiskiki）	1985年日本	

微型月季（Min）

色系	品种	培育年代及国家	所获奖项
白色	斯文尼（Swang）	1978年法国	
	绿冰（Green Ice）	1971年美国	
	雪姬（Yukihime）	1965年日本	
黄色	金色的梅兰蒂娜（GoldenMeillandia）	1977年美国	
	甜蜜的戴安娜（Sweet Diana）	1994年美国	
	花友禅（Hanayuzen）	1993年日本	
橙色	甜梦（Sweet Dream）	1988年英国	
	照耀（Shine on）	1994年北爱尔兰	
	爱抚（Loving Touch）	1983年美国	
	流杯（Cinder Cup）	1988年北爱尔兰	

色系	品种	培育年代及国家	所获奖项
粉红色	仙女（The Friary）	1932年英国	
	中国柑橘（Mandarin）	1987年德国	
	斯黛西·休（Stacey Sue）	1976年美国	
	安吉拉·利庞（AngleRippon）	1978年荷兰	
	母后（Queen Mother）	1991年法国	
朱红色	最高标志（Top Marks）	1992年英国	
	安娜福特（Anna Ford）	1981年英国	
红色	节日（Festival）	1994年德国	
	宗教节（Fiesta）	1995年新西兰	
	火公主（Fire Princess）	1969年美国	
	小杰克（Wee Jack）	1980年苏格兰	
蓝紫色	蓝彼得（Blue peter）	1982年荷兰	
	蓝紫梅兰蒂娜（lavenderMeillandina）	1978年美国	
	紫云（Shion）	2004年日本	
表里双色	微明星（Starina）	1965年法国	
	吉普赛·杰威尔（Gypsy Jewel）	1975年美国	
混合色	小型化妆舞会（Baby Masquerade）	1956年德国	
	彩虹（Rainbow'sEnd）	1984年美国	
	阿文蒂尔（Avandel）	1977年美国	
	特拉维斯蒂（Travesti）	1965年荷兰	

藤本月季（CL）

色系	品种	培育年代及国家	所获奖项
白色	新的曙光（New Dawn）	1930年美国	RHS Award of Garden Merit（1993年），WFRS、World's Favorita Rose（1997年）
黄色	金色捧花（Golden Showers）	1957年美国	AARS、Portland GM（1957年），RHS Award of Garden Merit（1993年）
橙色	藤碧天娜（Bettina CL）	1958年法国	日内瓦金奖（1959年）
	西方大地（Westerland）	1969年德国	
粉红色	游行（Parade）	1953年美国	RHS Award of Garden Merit t（1993年）
	同情（Compassion）	1972年英国	Baden-Baden GM 、Genva GM 、Genva GM（1975年），Orlegens GM（1979年），Royal National Rose Society Fragrance Medal（1973年），Anerkannte Deutsche Rose（1976年），RHS Award of Garden Merit（1993年）
	安吉拉（Angela）	1984年德国	
朱红色	美利坚（America）	1976年美国	AARS(1976年)
	橘红火焰（Orange Fair）	1988年德国	
红色	至高无上（Altissimo）	1966年英国	
	瓦尔特叔叔（Uncle Walter）	1963年英国	

色系	品种	培育年代及国家	所获奖项
蓝紫色	藤兰月（Blue Moon CL）	1981年美国	
表里双色	湖水公主（Lakeland Princess）	1983年美国	
	小亲爱（little Darling）	1956年美国	
混合色	约瑟彩衣（Joseph's Coat）	1964年美国	
	播鼓（Pinata）	1974年日本	
	光谱（Spectra）	1983年法国	
	花见川（Hanamigawa）	1985年日本	
	藤十全十美（PerfectaClimbling）	1962年日本	

灌木月季（S）

色系	品种	培育年代及国家	所获奖项
白色	肯特（Kent）	1988年丹麦	
	夏天的雪（Neiged'sEte）	1998年德国	
	白梅朗（CohiteMeidiland）	1988年法国	
	萨旺尼（Swang）	1978年法国	RHS Award of Garden Merit（1994年）
黄色	底格里斯河（Tigris）	1986年英国	
	撒哈拉（Sahara）	1996年德国	
橙色	金色的克里比拉汀（GoldenCelebratiou）	1992年英国	
	埃尔米斯特（Alchymist）	1956年德国	
	依维里尼（Evelyn）	1991年英国	
粉红色	舒伯特（Schbert）	1984年比利时	
	艾利维斯赫尔恩（Elveshorn）	1985年德国	
	赫福特雪莉（Hertfordshire）	1991年德国	
	罗森多夫·斯帕瑞舒伯（RosendortSparrieshoop）	1988年德国	
	花毯（Flower Carpet）	1989年德国	Glasgow GM、RHS Award of Garden Merit（1993年）
朱红色	红莫扎特（Rote Mozart）	1989年德国	
	猩红梅蒂兰（ScartetMeidiland）	1987年法国	Frankfurt GM（1989年）
红色	红梅蒂兰（RedMeidiland）	1987年德国	
	红玛丽（Red Mari）	1991年日本	
	奴里（Noir）	1996年日本	
蓝紫色	蓝色的拉彼索迪（Rhapsodyin Blue）	2000年美国	
	紫色花园（紫の园）	1984年日本	
表里双色	无忧无虑（Carefree Wonder）	1990年法国	AARS（1991年）
	柯克塔莉（Cocktail）	1957年法国	
混合色	幸运（Bonanza）	1982年德国	
	宾戈梅蒂兰（Bingo Meidiland）	1994年法国	

| 1 |
| 2 |

01　德国柯德斯育种公司花园一角。

02　德国柯德斯育种公司整齐美丽的办公环境。

011 盆栽月季如何选盆?

现在市场上的花盆从质地到款式，花样翻新，但黏土烧制的不加任何装饰的灰色素烧盆（也称瓦盆），透气透水，最适宜月季的生长要求。其历史十分悠久，是传统盆栽月季用盆，有多种不同规格，小者口径只有约6cm，高不过10cm；大者口径约30cm，高度可达60cm，如同大号水桶。不同株龄的月季应选用不同规格的瓦盆，做到"对号入座"，例如3年生月季，最小也要选用口径23cm、高度30cm的瓦盆；5年生月季就应选用口径25cm、高度35cm的瓦盆。

其他质地的花盆如瓷质，塑料质以及化工合成材质制作的花盆均不适宜月季的生长，不过这些质地的花盆往往外表华丽，可在节日庆典等活动当作套盆使用，即把瓦盆月季套入其中，这样既弥补了瓦盆傻大黑粗的形象，又可使其正常生长。

012 月季如何上盆、换盆?

月季上盆的基本步骤：首先株龄要与花盆的大小相适应，以3年生植株为例，应选用口径23cm、高度30cm的花盆上盆。先将盆底用事先准备好的盆栽基质垫够一定厚度；然后左手持植株于盆中央，右手用花铲盛土入盆内，盛至植株分枝点时轻按两侧以稳固植株，然后摇盆数下以平整盆土。盆土切忌装满，距盆沿2~3cm为佳。

上盆应该注意几点：1. 上盆的植株一般裸根株居多，因此不论春夏秋冬必做适当修剪，切忌全株上盆，否则会大大延长服土期；2. 上盆后先浇水后打药。

月季换盆的基本步骤：首先将植株连土由盆内整坨脱出，然后将旧土沿外层不断向内逐渐去除，最终去除旧土量的一半，然后修剪多余过密的须根、根瘤及腐烂根等，程度以修根过程尽量不散坨为佳。再选用比原来的盆大1号的花盆，将植株植入盆内，然后浇透水。

加拿大布查特花园被誉为世界十大最美花园之一，月季是该花园重要植材。

月季生长所需的水分和养分都来自盆土。一盆好的月季,除了当初选择了一株健壮的月季,日后生长得如何,盆土是重要载体。这里列举部分适宜盆栽月季的用土。

塘泥:是最传统、最普遍,且价格低廉的盆栽月季用土,其营养含量丰富,缺点是质重。

园土:又称田园土、菜园土,有良好的团粒结构,营养含量较高,其缺点是透气透水性较差,故应与疏松性、透气透水性俱佳的基质混合使用。

木屑:其来源容易,价格低廉,是极好的盆栽基质,有机质和营养含量较高,质轻是其不足之处,但可与相对质重的基质混合使用。

腐叶土:由各种树木的落叶堆肥腐烂而成,其过程是在平地(或挖坑)堆积树叶约30cm厚,踏实淋水,并将粪肥、饼肥、尿素、硫氨等肥料撒布均匀(用以促进树叶腐烂分解),然后覆土。按照这样的方法堆积数层,然后覆盖塑料薄膜,覆盖两层效果更佳。腐叶土营养元素丰富,疏松透气,是最理想的月季盆栽基质之一,在种植时可加入园土以稳固植株。

草碳土:由半分解的植物碎屑构成,质地细腻、松散,pH值偏低,富含有机质,能有效增加土壤中的团粒结构。是花卉栽培普遍采用的一种优质基质。

珍珠岩:珍珠岩是压碎的硅酸盐加热到982℃,膨胀形成内部充满空气的白色颗粒,无生物活性,比砂土轻很多,pH7.5,可与其他栽培基质混合使用,通气效果佳。

上述的基质其配制比例参考如下。

1.园土:草碳土=7:3

2.园土:木屑=7:3

3.园土:腐叶土=6:4

4.园土:珍珠岩:木屑=5:2.5:2.5

5.塘泥:草碳土=7:3

6.塘泥:木屑=7:3

7.塘泥:腐叶土=6:4

8.塘泥:珍珠岩:木屑=5:2.5:2.5

1
2

01　加拿大布查特花园的园中园，为一处中型月季园，周围英木葱茏，园内月季万花怒放，宛若仙境一般。

02　月季园一隅。

家养月季完全可以实现无土栽培，除了上一问说到的草碳土、木屑、腐叶土、珍珠岩，以下还介绍几种非土壤栽培基质。

粗砂：来源容易，价格低廉，透气性好，应与其它质轻基质混合使用。

碳化稻壳：清洁卫生，质轻无杂菌，无生物活性，富含磷肥，对根系发育作用突出。

菌棒渣：食用菌的生长基质，其水分蒸发后经捣碎形成的碎渣，营养丰富，质轻。

以上基质在种植之前应按如下比例配制。

粗砂或细砂：腐叶土=5:5

粗砂或细砂：草炭土=5:5

粗砂或细砂：木屑=5:5

粗砂或细砂：珍珠岩=5:5

粗砂或细砂：炭化稻壳=5:5

粗砂或细砂：菌棒渣=4:6

粗砂或细砂：草炭土：木屑=5:2.5:2.5

粗砂或细砂：珍珠岩：碳化稻壳=5:2.5:2.5

除此之外，还有许多基质也可采用，如苔藓、陶粒、蛭石、石棉等。另外，一些营养元素不可或缺，常规肥料主要有：撒可富颗粒肥，无味生物动力肥等。

家养月季一般有盆栽和地栽两种方式。除盆栽月季适宜无土栽培外，地栽月季欲实现无土栽培，应用空心砖砌筑成砖槽然后将配置好的无土基质装入其中。其砖槽制作步骤为：用空心砖砌筑成净高40cm、内宽30cm、长度不限的砖槽。植入月季后，基质厚度为37cm即可。

1

2

01　蓝紫色月季与其他花卉相互搭配形成优美的景观效果。

02　多色月季种植与牵牛花天竺葵的树形造型浑然一体。

盆栽月季的修剪直接关乎生长调节、花开数量、枝条匀称程度等。修剪包括剪枝和整形两个方面，剪枝就是协调生长与开花的关系以达到良好的观赏效果，而整形可使植株按照自己的意愿去生长，属盆景范畴，如桩景月季等。

剪枝又分休眠期剪枝和生长期剪枝。从冬季落叶后至春季发芽前为月季休眠期，其他时间为生长期。两个时期内的剪枝一般情况分为疏剪、轻剪、中剪和重剪。

将影响通风透光的过密枝叶剪除即为疏剪，疏剪一般不可过量。

轻剪一般适用于上盆不久的幼苗及微型月季。上盆不久但已缓苗并服土的幼苗，可能会有新蕾长出，此时为了快速长出腋芽及根生枝，应将新蕾剪除。微型月季则应剪除整株的1/3枝条，以利快速形成茂密的枝叶并开花。

中剪，中剪一般适用花开之后和节庆促花，即从整株的中部修剪，基本保证全部粗壮的侧分枝，而每个侧分枝一般保留有至少3~5个外向饱满花芽，在其剪口的刺激下迅速抽生花枝。

重剪，也称强修剪，重短截。一般剪除整株的大部分，只保留骨干枝15cm。重剪适宜冬末春初月季尚未发芽的季节，有时也在冬季修剪。主要修剪对象为杂种茶香月季，最不适宜的是藤本月季，该类型中连续开花的品种，在重剪之下花量大减，而非连续性开花的品种则当年生长周期内不开花或开花极少。

月季是阳生花卉，必须接受阳光雨露的滋润才能正常生长发育。不过，无论是月季切花还是盆栽月季，开花时节可以在居室内摆放数日。但摆放的位置应尽量靠近有阳光照射的地方，比如客厅的南部或阳台。如果位置偏阴，则2~3日就可使花朵失艳褪色。

枝繁叶茂花盛的月季树与各种挺水植物的巧妙搭配新颖独特。

施肥包括根部固体肥施用和叶面肥施用，其健壮的植株，茂盛的枝叶，鲜艳的花朵，都与施用的肥料具有直接的关系。

盆栽月季根部固体肥施用表

株龄	有机肥	施用量（克）	无机肥	施用量（克）	综合施用量（克）	备注
扦插幼苗	生物动力肥	3	撒可富	1.5	4.5	1. 1~2年生及2年生以上各株龄含盆栽树状月季。 2. 本表数据均为参考值应以实际生长状况灵活掌握。
嫁接幼苗	同上	4	同上	1.5	5.5	
2年生	同上	50	同上	4	54	
3年生	同上	100	同上	8	108	
5年生及5年以上	同上	500	同上	12	512	

首先，将表中的两种肥料按其规定的用量，均匀撒于盆中，然后松土，松土深度约1.5cm，松土时自然将肥料混于土中，然后浇水使肥力直接渗透根部吸收。根部固体肥一般在春季花芽萌动即可首次施用，第2次施用为幼叶长出，第3次施用为叶片成熟，第4次为坐蕾，第5次为花蕾露色，第6次为残花剪除后再次发芽时，以后施用以此类推。整个生长期内施用次数约13次，大约每10天施用1次，大雨过后应补施。北方地区施肥截止日期为9月15日，热带和亚热带地区常夏无冬或四季不明显，可灵活掌握。

叶面肥施用是对根部固体肥的重要补充，叶面肥与根部固体肥配合施用，使植株更加健壮，花开更加艳丽，并最大程度抵御病害发生。月季的叶面肥依据月季不同的生长发育时期一般可施用叶片营养调控素和花蕾营养调控素两种。

叶片营养调控素一般在春季花芽长至2~3cm时首次施用，第2次施用为幼叶长出，第3次施用为叶片成熟时，第4次为坐蕾时（此次喷施改用花蕾营养调控素），第5次施用为花蕾露色（花期禁用），第6次施用为残花修剪后再次发芽至2~3cm时，以后施用以此类推。整个生长期内施用约10次，平均每15天喷施1次。勾兑比例可参见产品说明。

叶面肥喷施方法：将雾化程度调至最高，高举喷头，步速适中，均匀喷洒。需要注意的是，如果喷施不足2个小时下雨（小到大雨），则雨后补喷。北方地区喷施截止时期为9月15日。热带和亚热带地区常夏无冬或四季不明显，可灵活掌握。

018 盆栽月季如何浇水?

盆栽月季浇水与否，何时浇，浇多少，怎么浇，应根据天气阴晴、温度高低、季节变化、干湿程度、花盆与株龄大小等情况灵活掌握。北方地区一般从6月中旬开始迅速进入夏季，水分蒸发逐渐加快，盆栽月季从这时起应每日浇水，但单盆的浇水量不宜过大。对于特别小的盆栽幼苗其基质少、苗小，耐受不住一天高温炙烤，水必须浇足。对于大型或特大型盆栽，其基质量多、植株大，完全能够耐受一天的高温，浇水量可以湿润为佳。进入7、8月份，高温晴热天气不断，在这种情况下，就应及时加大浇水量，决不能在植株萎蔫时浇水，这样会极大影响其正常生长。总之，浇水的总原则是不能干透，浇则浇透，间湿间干，干湿交替。

019 盆栽月季的花越开越小,是什么原因?

盆栽月季的花在首季花开过之后再开花时往往变小，花色也不是那么艳丽了。如果盆栽的品种本身不是小花品种，以上情况的发生主要有以下两个原因。

第一，随着二茬花的开放，夏季已经到来，二茬花显然是在高温的环境下开放的。高温促进植物生殖生长，这就大大缩短了孕蕾期，使原本从孕蕾到开花需要几十天的时间缩短为只需20几天甚至不足20天，那么花朵越开越小也就不难理解了，"高温催熟"就是这个道理。

第二，春季施用的养分比较集中在首季花的开放上，二茬花供养不足，加之高温，也是花越开越小的原因。其措施是首季花残花修剪后马上补足养分，并按常规浇水。

瑞士日内瓦格朗热月季园内藤本月季在灿烂的阳光和蓝天白云的映衬下花开妩媚动人。

盆栽月季最易招惹以下几种病虫害，首先介绍病害。

白粉病

该病由子囊菌亚门中的白粉菌引起，随风传播至叶片上，直接危害月季的花蕾嫩叶及嫩枝，病症最初不明显，为白粉状近圆形斑，扩展后病斑可连成片，导致花朵畸形发育，褪色失艳，嫩叶嫩梢卷曲畸形，植株失去生机，严重时花瓣也可被白粉侵染。该病好发于4月中下旬至6月初以及9~10月，有时也可延至11月中下旬。最适合白粉病孢子繁殖的温度为16℃，湿度为70%~90%，适合孢子成熟和扩散的温度为27℃，相对湿度为35%~70%。

药物防治如下。

粉锈宁：为保护性杀菌剂，微毒，具有广谱性，见效快，适宜发病初期施用，约7天喷施一次，药液可勾兑略浓而无药害。

石硫合剂：低毒，具有杀菌、杀虫和杀螨作用，白粉病发病初期至盛期，喷施45%的石硫合剂20~30倍液效果明显。

黑斑病

属世界性病害，凡月季玫瑰栽植区均有发生，多由半知菌亚门放线孢子属真菌引起。叶片嫩枝和花梗均可受害，以叶片危害为重。

黑病斑通常出现在叶片正面，初为放射形丝状斑，扩大后呈圆至近圆形，边缘有放射状细丝，不断向外扩展。病斑直径1.5~13mm，深褐至黑色，后期中间颜色变浅。病斑周围有黄褐色晕圈，病斑之间相互连接引起叶片大面积变黄，有时病斑出现绿色外缘，病叶易脱落。不同月季品种存在抗病性差异，一些叶片表面光滑株形扩张的品种相对抗病。

园艺防治：清除落叶杂草，剪除病枝以及过密枝叶。加强通风采光，尽量降低空气湿度，抓紧在晴好天气松土，最大程度蒸发土壤过大水分，人工浇水时应尽量避免叶片沾水等。

药物防治：用百菌清防治。百菌清具有保护和治疗作用，杀菌广谱。一般用100~150g百菌清，加水50kg喷雾效果明显。

霜霉病

霜霉病为温室性病害，具有起病急、染病快等特点。霜霉病主要危害植株中下部叶片，造成紫红色至暗红色不规则斑块，最终导致叶片变黄而脱落。霜霉病发生的适宜温度为25℃，最适宜的湿度为100%，故控制保护地的温度和湿度至关重要。对于家养来讲，小拱棚内的盆栽月季在春季发芽展叶后，白天其通风口应逐步扩大，以利通风，可大大降低发病风险。

药物防治如下。

敌菌灵：属内吸性药物，具广谱性，对霜霉病即可预防也可治疗。将药稀释400~500倍液，一般喷施3~4次，间隔期为7天。

瑞毒霉：又名甲霜灵、甲霜胺等。内吸性药物，属低毒灭菌剂，即可预防也可治疗，对霜霉病有特效，也可做土壤处理，禁止与碱性药物、化肥混合使用。应与其他灭菌药物交叉使用。一般用30~50g粉剂兑水50~70kg喷施，喷施3次，间隔期为7天。

盆栽月季最易招惹的虫害主要有以下几种。

月季长管蚜

长管蚜主要集中于嫩梢、花蕾、花梗及部分叶片上，吸吮汁液引起受害部位畸形，生长势大大降低，失去观赏价值，同时蚜虫分泌的蜜露还可导致煤污病发生。

长管蚜以成蚜在月季蔷薇玫瑰的叶表和叶背越冬，在-2~-3℃的环境下仍有生命力，过冬后的成蚜4月上旬起即在月季幼芽、幼叶、嫩梢、花蕾、花枝及部分叶片上危害。5月可成为第一次危害期，7~8月间雨季来临并伴随高温，蚜数下降，有时甚至绝迹，9月下旬至10月上旬气温较为干燥，有利于蚜虫繁殖，因此10月中下旬可能出现第二次危害期。该虫较适宜繁殖温度为20℃左右。

药物防治如下。

溴氰菊酯：中等毒性，具有较强的触杀和胃毒作用，无内吸和熏蒸作用，杀虫广谱，击倒速度是目前拟除虫菊酯类药物中活性最强的品种，但对螨类效果较差，在卵孵化初期至盛期用20~40ml乳油，兑水50~60kg喷施。

氟氯氰菊酯：低毒，具有触杀和胃毒作用，无内吸和熏蒸作用，杀虫广谱，持效期强，对螨类也有一定抑制作用。蚜虫发生初期，用23~30 ml乳油兑水40~50kg喷施。

二点叶螨

该害虫繁殖速度极快，危害期一般藏匿于植株下部叶片的背面，刺吸汁液并吐丝结网。被害叶片出现极细密的白色斑点，使叶表失去光泽，由于中后期虫口数量快速增长，月季全株叶表叶背及枝条，花蕾等均可遍布红蜘蛛，叶片缩卷枯焦如同火烤，植株生长停滞，花朵褪色严重者可致整株死亡。

其雌螨近卵圆形，体长0.4~0.5mm，宽约0.3mm。体色有红色、淡黄色和黄绿色。随寄主植物不同而不同。雄成螨略呈菱形，体长约0.2mm，宽约0.15mm。前端近圆形，后端较尖，足4对。其发生代数各地不一，东北一年12代，南方一年20多代，华北一年12~15代，世代重叠，以北京地区为例，4~6月中下旬为该害虫的高发期。

药物防治如下。

三氯杀螨醇：又名开手散、施螨灵、齐杀螨、灭螨安等。该药低毒，是一种神经毒剂，具有触杀和胃毒作用，无内吸性，杀螨广谱。对成螨、若螨、螨卵均有效。危害期用40~50ml乳油，兑水50~60kg喷施。

杀虫脒：又名杀螨脒，低毒，该药具有触杀作用，无内吸性，可防治多种害螨，危害期用30~60ml乳油，兑水50~60kg喷施。

021　盆栽月季黄叶落叶是什么原因？

盆栽月季的黄叶落叶可以由很多种原因导致。第一，长时间雨水浸泡可导致先黄叶、后落叶，直致长出新的枝叶。第二，土壤过于黏重，根部缺乏透气性导致黄叶落叶。第三，深秋时节，盆内长时间（10天以上）缺水，导致黄叶而不落叶。第四，长时间冻害导致落叶。第五，根部遭到害虫轻度啃咬，导致黄叶落叶。第六，某种农药肥料或某种植物生长调节剂兑水比例不当（兑水过浓）导致黄叶落叶，某种化肥一次性使用过量也可导致黄叶落叶。第七，霜霉病若不及时防治，可迅速落叶。第八，黑斑病可导致黄叶上有放射状黑斑，后期落叶。第九，伤根严重的裸根苗如在高温高湿季节上盆，其在服土期或缓苗期也可导致黄叶落叶直致长出新的枝叶。

022　刚上盆或换盆的月季如何养护？

对于刚上盆或换盆的月季无论幼苗还是成株，无论什么季节，最重要的养护是每日必须有5小时以上的充分采光。在充分采光的前提下必须保证盆土湿润（不宜大水浇灌），只有这样才能以利缓苗和服土，待正常生长后，可按常规浇水。另外，由于植株与盆土在上盆或换盆时接触不实，并在水的浇灌下有可能出现缺失塌陷导致植株歪斜等现象，应及时检查并补土扶正。

01 瑞士日内瓦格朗热月季园内颇具欧洲风情的藤本月季花墙。

02 粗大的古树，宽阔整齐的草坪，盛开的月季构成格朗热月季园绝佳美景。

格朗热月季园核心区。

023　盆栽月季与月季盆景的区别是什么？

盆栽月季强调植株强健、枝繁叶茂、花开艳丽等，而月季盆景则追求的是艺术造型、赏花朵、观根干、看古韵。两者之间既相互联系，又相互独立，盆栽较为简单，按其生长发育规律进行日常养护即可。月季盆景不仅要按其生长发育规律养护还要从艺术的角度进行修剪、蟠扎及养护等，并经过漫长的时间，方能成"景"。

024　盆栽月季如何延长开花期？

为了让有限的花期延长数日，可以适当采用遮阳网遮阳，不过遮阳网的透光率不能低于70%。如果透光率过低，3~4天后，花色花香就会大打折扣，采用透光率70%的遮阳网，其遮阳时间一般控制在7~10天为宜。

025　如何做到第二茬花很快开花？

按照以下步骤可使第二茬花很快开花。首先及时将残花从其花朵下方3~4个节间剪除，然后施肥和浇水。期间，盆中万不能缺水。待新芽长至2~3cm时迅速喷施叶片营养调控素，至现蕾时则喷施花蕾营养调控素，花期禁施。

有很多方法让北方地区的盆栽月季在室外安全过冬,这里重点介绍阳畦和坑藏两种方法。这两种方法都非常经济实用。

1. 阳畦:阳畦是我国北方地区传统的越冬方法,具有保温、保湿、采光好等特点,特别适宜盆栽月季的室外越冬。其制作规格应依实际灵活掌握,以下规格仅供参考。

挖掘宽度90~120cm,净深度60~80cm;北侧土坯墙高度为20cm,东西两侧土坯坡墙北侧最高处20cm,南侧最低处5cm,宽度均为20cm;其长度灵活掌握。阳畦初步制作完毕后还应用挖掘出的原土与碎稻草搅拌合泥,抹于阳畦立面以起稳固作用。最后准备搭建材料和阳畦覆盖材料,如粗竹秆、木龙骨、铁丝、塑料薄膜、棉毡草帘等。在盆栽月季入畦之前应及时修剪然后入畦摆放,摆放结束后浇水,以湿润为宜。最后进行一次全面彻底的灭菌灭虫处理。当夜温在-3℃时应覆盖棉毡或草帘等防寒材料,以后只要白天天气晴好就应通风采光。下午15:30~16:00点之间覆盖压实。如此周而复始坚持一冬。

2. 坑藏:坑藏与阳畦相比更加简便易行并同样具有保温保湿采光好等特点,还可以按不同地区的寒冷程度,灵活掌握坑藏的深浅。其常规尺寸如下。

挖掘宽度90~120cm,净深度70~90cm;其坑长以具体实际灵活掌握。土坑挖掘后的一系列工作,如修剪、入坑摆放、灭菌灭虫处理、浇水以及防寒等均与阳畦一致。唯一不同的是坑藏没有了如阳畦那样的三面土坯矮墙,因此坑藏更显实用。

如今国内国际部有专业的月季展览,展览会上会有月季评选活动。一般这样的评选需要月季具备如下条件。

1. 植株强健、枝叶分布匀称、花开艳丽,能充分体现品种特征。

2. 名称准确、无病虫害、盆栽基质质轻无异味、盆栽容器美观整洁。

3. 以三年生为基本展览与评选株龄。

4. 盆栽数量按要求准备。

实现这一目的可以采用嫁接的方法。

第一，盆栽嫁接。选择蔷薇做砧本。将至少具有5个或者5个以上粗壮骨干枝的蔷薇做重剪，骨干枝保留15cm高，干粗1~1.5cm即可，然后上盆。选盆大小要与蔷薇植株体量相匹配。从上盆这天算起7~10天后便可嫁接。嫁接前要选择生长形态良好、花朵硕大、色差大、单朵花期长的品种接穗才能嫁接。嫁接时一个枝条嫁接一个颜色的品种，只有这样才能达到一盆月季开出多种色彩的花的效果。具备这些条件的可选以下代表品种。

白色：白杰作、衣通姬；

黄色：金丝雀、金牌、迎宾、黄杰作、漂度斯、昆特、太阳王；

橙色：大使、杰斯特、乔伊、大奖章、威士忌；

粉红色：长梦、电子、埃斯米拉达、一等奖、维拉夫人、曼目林、最佳芭蕾舞女郎、南海、芳纯、女神；

朱红色：香云、福多拉、幽会、新万福玛丽娅、赤阳、朱王、绯扇；

红色：大杰作、奥林匹亚、不路干特、红杰作、干杯；

蓝紫色系：蓝香、蓝河、紫云；

表里双色：色奇、古龙、罗拉、我亲爱的；

混色系：阿尔迪斯75、却柯克、异彩、肯地阿、红双喜、魅力、弗罗森82、电钟、荣光、朝云、彩云、唯米；

第二，地栽嫁接。将至少具有5个或5个以上粗壮骨干枝的地栽蔷薇做重剪，骨干枝高度保留15cm，干粗1~1.5cm即可，然后直接嫁接，嫁接品种与上述一致。待长出的穗芽发育成花蕾后及时摘除，直至枝条完全木质化才可移栽上盆或深秋季节移栽上盆，并进温室过冬，也可以上盆后移入阳畦过冬。翌春便可收获一盆开出多种色彩的盆栽月季。

01　瑞士日内瓦格朗热月季园的裸体雕塑为园中增添活力。

02　园内的丛植月季色彩搭配十分奇特。

03　园内造型月季。

有以下几大因素决定盆栽月季多开花。

1. 枝条强健根系发达的优质植株，这也是能够让盆栽月季开花多的首要条件。

2. 优质的嫁接月季开花通常较多。因为月季与蔷薇相比，蔷薇的根系最为发达。而借助根系发达的蔷薇作砧木嫁接月季，可以为月季生长开花提供强健的"根基"。

3. 正确的修剪方法。

4. 3年以上10年以下株龄，在养护水平良好的情况下是开花最多的时期。

5. 恰当的肥水管理。

首先，阳台必须有充足的光照，至少5个小时或以上的直射阳光，这是种好阳台月季的先决条件。在种植上一般采用盆栽和槽箱种植两种形式，以盆栽为主。另外，根据阳台种植的特点应尽量施用速效、高效、长效、无味的有机肥和无机肥。还有，必须保持18~25℃的温度和60%~80%空气湿度，以及良好的通风条件。

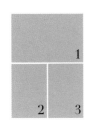

	1
2	3

01　瑞士日内瓦格朗热月季园英木挺拔，月季盛开。

02、03　廊柱月季生机勃勃。

PART 3

地栽月季

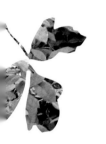

031　我国哪些省份适宜栽种月季?

　　月季是一种适应性极为广泛的花卉，在全球五大洲的各个角落，皆有它美丽的倩影，可以说把月季带到哪里它就在哪里顽强的生根开花结果。我国地域辽阔，南北纵贯数千公里，从白雪皑皑的北疆边陲到椰风海韵的南国海岛，中间很多省份适宜月季的生长。月季生长的海拔高度上限一般为2200~2500m之间。月季在我国的大部分地区皆可种植，如云南大部、广西大部、内蒙古大部、新疆大部、湖南、湖北、陕西、甘肃、宁夏、河南、河北、江西、广东、福建、浙江、江苏、安徽、山东、山西等。东北三省地处高寒地区冬季漫长寒冷，较适宜盆栽和温室栽培，而不适宜大面积地栽。热带地区常夏无冬，终年炎热，光照时间长而强烈，月季花开季节应适当遮阳。

032　荫蔽的庭院环境能栽月季吗?

　　月季是阳生花卉，不能在荫蔽环境下生长。荫蔽环境下种植的月季枝叶稀少、纤细顾长、花朵失艳、花径短小、花量稀少，本应连续性开花的品种变得只开一季甚至全年不开花。每天至少5小时的光照，才能让月季正常生长。

法国桑丽斯月季园内快乐的师生。

地栽月季要种植好，土壤十分关键。地栽月季对土壤的要求主要有以下五点。

土壤养分

除土壤中常规的氮、磷、钾外，其微量元素也是必不可少，缺失其中任何一种都会有不同程度的病态表现，其主要表现在花、叶、枝、根，以及生长速度、生长形态、抗性等诸多方面。这些微量元素主要有硼、钨、镁、锰、铁等。月季规模性地栽之前，应先对土壤进行养分测试。

物理性

地栽月季以疏松多孔隙的团粒结构壤土为最佳。这种土壤具有40%~50%的孔隙，其间有较丰富的水分和空气。植株植入这种结构的土壤中根系最为发达。只有根系发达地上部分才能枝繁叶茂。

化学性

就土壤的酸碱度而讲，月季生长的适宜范围为pH5.5~8，最佳为pH6~6.5。大于或小于这些数值时应加以调整。

生物性

土壤中的有机物质，如生物动力肥、枯枝落叶等腐殖质，在湿度温度等的共同作用下产生大量的促使根部发育的有益菌群及其他物质，可见提高土壤有机质含量对月季生长十分重要。

耕作深度

月季属非深耕性花卉，就成株而言其根深一般为30cm左右。耕作层的旋耕深度应在40cm，这个深度能最大程度的增加土壤孔隙和通透性，同时还可消除积水。

法国桑丽斯月季园迎来花季

荷兰海牙西布克月季园内，散落于草坪中的月季方阵鲜花怒放。

地栽月季与盆栽相比，所处的土壤环境、温湿度、肥力等有相同点也有不同点。因此在病虫害的发生上同样也有相同点和不同点，地栽月季应重点防治的病害主要有：白粉病和黑斑病，防治方法见"盆栽月季"。除此之外，还应防止以下病虫害。

轮枝孢枯萎病

以危害温室及地栽月季为主。发病初期顶端幼叶枯萎，同时伴随下部叶片黄化并脱落，严重时导致整株枯死，该病菌可在土壤中存活较长时间，并寄生根部。一般情况下，该菌在12~30℃即可发生蔓延。

园艺防治：选用优质抗病砧木进行嫁接，消除土壤有害病菌的污染。

药物防治：百菌清（参见第20问）。

月季茎溃疡

为世界性病害，多以地栽月季为发生对象，发病初期枝条现灰色、黄色或红斑，后为褐色，形成溃疡并开裂，直至开裂处以上枝叶死亡，该菌适宜发生的温度为26℃。

药物防治：百菌清（参见第20问）。

地栽月季应重点防治虫害除了盆栽月季中提到的月季长管蚜和二点叶螨之外，还有月季茎蜂。

月季茎蜂

主要分布于华北、华东等地，以危害玫瑰、月季、蔷薇为主要对象，一般情况下，幼虫钻入木质化或半木质化枝条，蛀空木髓并斩断，危害株型并影响景观效果。

园艺防治：剪除危害枝条，直接找出幼虫灭杀。

药物防治：找其蛀道，用滴管滴入1~2滴溴氰菊酯。

1

2

01 荷兰海牙西布鲁克月季园养护水平一流。

02 德国二座桥月季园内一入口处。

035　地栽月季需要防寒吗?

地栽月季是否防寒应具体情况具体分析。月季属于温带花卉，但它的耐寒是有一定条件的。例如，生长在向阳背风处而非迎风口的且是地栽一年以上的植株，一般情况下可安全过冬。

当年栽种于开阔地带的一、二年生或一年以下的植株一定要有防寒措施。否则很有可能遭受冻害。实践证明向阳背风处形成的小气候，月季一般可耐-15℃低温，而开阔地带的月季有时-10℃左右就可能遭受冻害。

036　地栽月季栽植的流程、正确方法是什么?

地栽月季栽植之前，首先每亩均匀抛撒生物动力肥1500kg，复合肥80kg，旋耕三遍，施肥深度40cm，此深度一般情况下均可满足幼苗及成株种植要求，旋耕后暴晒数日以除菌虫。然后制作畦垄，畦垄可有3种形式。

土埂畦

将旋耕后的土壤堆积成高15~20cm、宽20~25cm土埂（其长度依具体情况灵活掌握），土埂与土埂间距为25~30cm。将幼苗或成株种植于土埂顶端，利于防涝和收获。

宽畦

将施耕后的土壤堆积成高10cm宽20cm的长方形土埂，形成中间宽度为100cm的宽畦（其长度依具体情况灵活掌握）。

窄畦

将旋耕后的土壤堆积成高10cm、宽20cm，形成中间宽度为50cm的窄畦（其长度依具体情况灵活掌握）。

整地、畦垄等工作结束后就可进行月季的栽植了。无论是栽植幼苗或是成株，首先要进行植前修剪、药物灭菌，然后栽植并及时浇水。栽植的总要求是操作快捷，株行均等，横平竖直，根深适当，品类分清。

法国巴黎杜瓦勒德马恩月季园内，屋檐下盛开的月季。

地栽月季受土壤类型、结构肥力、养护等的共同作用，使植株强健，枝繁叶茂，花开鲜艳。那么地栽月季如何施肥呢?

株龄	有机肥	施用量（克）	无机肥	施用量（克）	综合施用量	备注
扦插幼苗	生物动力肥	5	撒可富	3	8	1. 1~2年生及2年生以上各株龄含盆栽树状月季。 2. 本表数据均为参考值应以实际生长状况灵活掌握。
嫁接幼苗	同上	5	同上	3	8	
2年生	同上	150	同上	8	158	
3年生	同上	300	同上	16	316	
5年生及5年以上	同上	750	同上	24	774	

根部固体肥施用

以3年生成株的施肥举例说明。可采用表中所列肥料进行穴施、条施或撒施。

穴施和条施时应距植株约10cm处挖掘。挖掘深约8cm、宽度约10cm，两种肥料的投放不分先后但要投放均匀，然后覆土并浇水。撒施作业简便易行，可直接将两种肥料足量抛撒于地面，然后松土（土壤与肥料融合）并浇水。撒施的缺点是肥料部分氧化流失，肥力不能充分发挥，以穴施和条施为佳。

地栽月季根部固体肥一般在春季花芽萌动甚至萌动之前即可首次施用，第2次施用为7月1日至10日之间。广大的南方地区可在9月中下旬追施1次。亚热带或热带地区四季不明显或常夏无冬，应根据实际情况灵活掌握。

叶面肥施用

地栽月季施用不同叶面肥的作用与顺序同盆栽月季一致。只是施用次数不同而已。

春季花芽长至2~3cm时可首次施用叶片营养调节素，第2次施用为幼叶长出，第3次施用为叶片成熟，第4次为坐蕾（此次喷施改用花蕾营养调控素），第5次施用为花蕾露色（叶肥同前，花期禁用），第6次施用为残花剪除后再次发芽长至2~3cm时。以后施用以此类推，整个生长期内施用约10次，平均每15天喷施1次。勾兑比例可参见产品说明。喷施方法：将雾化程度调至最高，步速适中均匀喷洒。如果喷施后不足2个小时下雨需补喷。北方地区喷施在9月15日前。

法国枉瓦勒德马恩月季园花廊上盛开的藤本月季

　　庭院环境与街区环境相比具有安静封闭、休闲及面积狭小等特点。这种环境种植月季要求植株强健、枝叶茂密、花开硕大艳丽或浓香，多季开花，品种繁多，少病虫害及方便管理等。依据这些特点与要求可选择以下具有代表性的类型与品种。

杂种茶香（HT）

色系	品种	培育年代及国家	所获奖项
白色	白闪电（White Lighting）	1979年美国	AARS（1991年）
	剪影（Silhouette）	1980年美国	
黄色	金丝雀（Canrary）	1972年德国	
	香金（Gold Medaillon）	1984年德国	
	迎宾（Parador）	1978年法国	
	和平（Peace）	1945年法国	Portland GM（1944年），AARS（1946年），ARS金奖及NRS金奖（1947年），海牙金月季奖（1965年）
	漂度斯（Peaudouce）	1985年英国	Anerkannte Deutsche Rose. New Lealand（Gold Star）GM（1981年），Glasgow银奖（1991年），RHS Award of Garden Merit（1993年），James Masson GM（1994年）
	法尔茨黄金（Pfalzer Gold）	1981年德国	
橙色系	大使（Ambassador）	1977年法国	
	白兰地（Brandy）	1981年美国	AARS（1982年）
	金奖章（Gold Medal）	1982年美国	AARS（1973年）
	杰·乔伊（Just Joey）	1972年美国	
	皇家艳史（Royal Romancex	1980年荷兰	
	威士忌（Whisky）	1967年法国	
	王朝（Ocho）	1983年日本	
粉红色	宝瓶宫（Aquarius）	1971年美国	AARS（1971年）
	长梦（Big Dream）	1984年美国	
	玫瑰乐园（Eden Rose）	1950年法国	NRS金奖（1950年）
	埃斯米拉达（Esmeralda）	1980年德国	
	初恋（First Love）	1951年美国	AARS（1970年），ARS Gertrude M.Hubbard金奖（1971年）
	一等奖（First prize）	1970年美国	
	友谊（Friendship）	1979年美国	AARS（1979年）
	维拉夫人（Lady Vera）	1974年澳大利亚	
	香欢喜（Perfume Delight）	1974年美国	AARS（1974年）
	粉和平（Pink Peace）	1959年法国	
	肖像（Portrait）	1971年美国	AARS（1972年）

杜瓦勒德马恩月季园以长长的月季花廊著称。

藤本月季（CL）

色系	品种	培育年代及国家	所获奖项
粉红色	伊丽莎白女王（Queen Elizabeth）	1954年美国	AARS和NRS（1955年），NRS Gertrude M.Hubbard金奖（1957年），ARS金奖（1960年），Hague金月季奖（1968年）
	女神（Megami）	1973年日本	
	友禅（Yuzen）	1983年日本	
朱红色	红茶（Black Tea）	1973年日本	
	樱桃白兰地（Cherry Brandy）	1971年美国	AARS（1971年）
	香云（Duftwolk）	1963年德国	NRS（1963年），Portland GM(1967年)，The James Alexander Gamble Fragrance Award（1969年）
	吉普赛（Gypsy）	1972年美国	AARS（1973年）
	月季夫人（Lady Rose）	1980年德国	Belfast金奖（1981年）
	新万福玛丽亚（New Ave Maria）	1983年德国	
	暑假（Summer Holiday）	1968年美国	
	超级明星（Super Star）	1960年德国	AARS（1960年），ARS金奖（1967年）
	赤阳（Sekiyc）	1975年日本	
	朱王（Shuo）	1983年日本	
	绯扇（Hiogi）	1982年日本	
红色	安东尼亚·里奇（Antonia Ridge）	1976年法国	
	大杰作（Grand Masterpiece）	1981年美国	
	康拉法·亨克尔（Konrad Henkel）	1984年德国	
	爸爸梅朗地（Papa Meilland）	1963法国	
	梅朗口红（Rouge Meilland）	1983年法国	
	干杯（Kanpai）	1983年日本	罗马金奖（1983年）
蓝紫色	蓝河（Blue River）	1979年德国	
	传家宝（Heirloom）	1971年美国	
	晴空（Blue Sky）	1972年日本	
	紫云（Shiun）	1984年日本	
表里双色	梅朗随想曲（Caprice de Meilland）	1984年法国	
	立体色（Colorama）	1980年法国	
	加利娃达（Gallivarda）	1980年德国	
	拉斯维加斯（Las Vegas）	1982年德国	日内瓦金奖（1985年）
	爱（Love）	1980年美国	AARS（1980年）
	我亲爱的（Mon Cheri）	1982年美国	AARS（1982年）
	我的选择（My Choice）	1958年英国	NRS金奖（1958年），Portland GM（1961年）

色系	品种	培育年代及国家	所获奖项
混色	阿尔蒂斯75 (Altesse75)	1975年法国	
	百老汇 (Broadway)	1986年美国	AARS (1986年)
	查柯克 (Chacok)	1984年法国	
	芝加哥和平 (Chicago Peace)	1962年美国和平芽变	
	魅力 (Fascination)	1982年美国	
	弗罗森82 (Frohsinn' 82)	1982年德国	
	电钟 (Funkuhr)	1984年法国	
	吉祥 (Mascotte)	1977年法国	Belfast金奖 (1979年)
	新歌舞剧 (Neue Revue)	1962年德国	
混色	红双喜 (Double Delight)	1977年美国	Baden-Baden、Rome GM (1976年)，AARS (1977年)、The James Alexander Gamble Fragrance Award (1986年)
	摩纳哥公主 (Princesse de Monaco)	1982年法国	
	蒂芬 (Tiffany)	1954年美国	AARS (1995年)，ARS David Puerstenberg (1957年)，The James Alexander Gamble Fragrance Award (1962年)

杜瓦勒德马恩月季园内，花廊的设计古朴原始其中不乏欧洲风情。

杜瓦勒德马恩月季园内，巨大的铁艺花墙呈月牙形设计，镂空处配以大型石雕花瓶，尽显古朴典雅风貌。

藤本月季（CL）

色系	品种	培育年代及国家	所获奖项
白色	白色帽花（White Cockade）	1969年苏格兰	
	天鹅湖（Swan Lake）	1968年北爱尔兰	
	新曙光（New Dawn）	1930年美国	RHS Award of Garden Merit（1993年），WFRS、World's Favorite Rose（1997年）
黄色	金色捧花（Aword of Garden Merit）		AARS及Portland GM（1975年），RHS Award of Garden Merit（1993年）
	游乐园(Casino)	1962年北爱尔兰	
	梦塔（Dreaming Spires）	1973年英国	
	金香玉（Maigold）	1953年德国	
橙色	希灵顿女士（Lady Hillingdon）	1917年英国育成	
	女学生（School Girl）	1964年英国	
	生活气息（Breath of Life）	1982年英国	
	西方大地（Westerland）	1969年德国	
粉红色	藤乐园（Eden Rose CL）	1962年德国	
	游行（Parade）	1953年美国	RHS Award of Garden Merit（1993年）
	同情（Compassion）	1972年英国	Baden-Baden GM（1975年），Geneva GM(1975年)，Orlegens GM（1979年），Royal National Rose Society Fragrance Medal（1973年），Anerkannte Deutsche Rose（1976年），RHS Award of Garden Merit（1993年）
朱红色	美利坚（America）	1976年美国	AARS（1976年）
	橘红火焰（Orange Fair）	1988年德国	
红色	至高无上（Altissimo）	1966年英国	
	焰火（Honononami）	1968年日本	
	光谱（Spectra）	1983年法国	
	汉德尔（Handel）	1965年英国	
	约瑟新衣（Joseph's Coat）	1964年美国	Bagatelle GM（1964年）
	小亲爱（Little Darling）	1956年美国	Portland GM（1958年），ARS David Fuerstenberg（1964年）

杜瓦勒德马奥月季园：铁艺花墙一隅。

地栽月季的修剪，涉及修剪时间及不同的类型，不同的修剪程度等内容。

修剪时间

a.萌芽前

萌芽前修剪是地栽月季在一年的生长周期中第一次也是最为重要的一次修剪，这次修剪直接关乎花开质量、数量等关键技术。

b.花开后

花开后是指首季花开过后的修剪，此次修剪是为第二茬花很快发芽、长枝、坐蕾、开花做准备。此次修剪并不是真正意义上的修剪而只是剪除残花，把养分充分转移至营养生长上来。

c.国庆催花

我国地域辽阔，南北方跨越数千里，温差很大，国庆催花不可能实现同日修剪同日开花，以北京和苏南地区为例，8月15日和8月22日做中度修剪一般天气情况下可分别实现国庆开花。其他地区可根据当地天气情况推测出适宜的修剪时期。

d.扦插

扦插具体指的是冬季从地栽月季母株上剪取枝条进行扦插繁殖。剪取枝条扦插，看似修剪实际上并不是对地栽月季进行真正意义上的修剪，剪取枝条扦插是不能代替修剪的，因为它不是从修剪的角度去剪取的，两者不能混淆。

从以上4种不同的修剪时间看，萌芽前的修剪明显最为重要和关键，其次是国庆催花。

杂种茶香月季的修剪

杂种茶香月季的修剪主要以春季修剪为主，一般情况可进行重剪和中剪，修剪均在发芽之前进行。视株龄来决定骨干枝的保留长度，以3~5年生株龄为例，一般保留15cm和20cm，不宜过短。以下各类型修剪后的花芽均一律朝外，其目的就是最大程度的追求扩张生长，提高植株优美的生长形态。

丰花月季的修剪

丰花月季枝条繁多而紧密，可在最大程度保留株形的基础上，采取疏剪与中剪相结合的方式进行修剪。

藤本月季的修剪

a.连续性开花品种

如不是老株复壮、病虫害严重、移栽等情况，一般只做疏剪，个别情况做中剪，同时将干枯枝以及之前残留的短截桩头蔷薇蘖枝等一并剪除即可，有些连续性开花的藤本品种如若重剪会导致花量大减。

杜瓦勒德马恩月季园，铁艺花墙中心部位的裸女雕像让园区充满浪漫主义情怀。

b.非连续性开花品种

同上，非连续性开花的藤本品种如若重剪，会导致原本一年可开1~2季花，变得当年不开花或开花极少。

微型月季

微型月季植株矮小，枝条纤细，花勤花多，生长缓慢。根据这些特点如果不是冻害严重或其他特殊原因，一般情况下以轻剪结合疏剪为佳。

灌木月季

灌木月季、小幅攀援或匍匐在地的丰花类型一般呈灌丛状生长。对于这一类型的修剪，如无特殊原因，只将抽干枝、过密枝、过长枝、盲枝等剪除，过长枝（匍匐枝）修剪也不宜过短，剪后应摆放均匀，以利均衡生长。

040 露台上种月季应该做足哪些准备?

露台很高，有充足的阳光、较大的风力、干燥的空气以及冬季更加的寒冷。应该说与地面种植相比有利有弊，露台上种月季应做足以下准备。

第一，依实际情况决定盆栽还是槽箱种植。

第二，必须使用轻质的种植基质，如草炭土、珍珠岩、蛭石、腐熟木屑及腐叶土等，为稳固植株，其中可掺兑少量细砂。这些基质的配比为：草炭土：细砂=8：2；腐叶土：细砂=8：2；珍珠岩：腐熟木屑：细砂=5：3：2；蛭石：腐叶土：细砂=5：3：2。还有许多适宜露台种植的轻质基质如豆皮、粉碎的菌棒渣以及粉碎的花生皮等都可用于露台种植。轻质基质具有透气、保水、保肥，促进生长，最大程度减轻承重的作用。

第三，无论盆栽还是槽箱种植，均应在露台采用轻体砖或其他轻质材料，一般垒高5~10cm（不宜过高过密），以保持露台通风透气和干燥。

| 1 |
| 2 | 3 |

01　杜瓦勒德马恩月季园办公区。

02、03　花廊上的藤本月季。

041 露台上种植月季如何养护?

露台的养护首先是浇水，如条件允许以滴灌为最佳。每次浇水以湿润为准，不宜过大。施肥一定要高效、长效，施用一次就要起到施用一次的作用。另外，修剪也是露台月季养护的重要内容。露台所植月季数量不多，病虫害诱因较少。因此，一般情况下即使发生也不会十分严重。

042 什么月季适合在露台种植?

根据露台种植阳光充足、面积狭小、风较大、较干燥、冬季偏冷等特点，应选择植株相对较矮、扩张形态、枝条粗壮、勤花多花、硕大艳丽、少病虫害的品种种植。考虑以上综合因素，推荐以下部分代表品种。

色系	品种	培育年代及国家	所获奖项
白色	伊丽莎白的.哈克尼斯（Elizabeth Harkness）	1969年英国	
	坦尼克（Tineke）	1989年荷兰	
黄色	荷兰黄金（Dutch Gold）	1978年英国	
	女士（The Lady）	1985年英国	
	鎏金琥珀（Glenfiddich）	1976年苏格兰	
	热望（Warm Wishes）	1994年英国	
	自由（Freedom）	1984年英国	
	肯世郎森（King's Ransom）	1961年美国	
	瓦伦西亚（Valencia）	1989年德国	
	和平（Peace）	1945年法国	同前
	漂度斯（Peadouce）	1983年英国	Anerkannte Deutsche Rose、Newlealand（Gold star）GM（1987年），RHS Award of Garden Merit（1993年），James Mason GM（1994年）
	金凤凰（Golden Scepter）	1950年荷兰	
橙色	贝亚特里克女王（Konigin Beatrix）	1984年德国	
	威士忌（whisky）	1967年德国	
	香乐（Fragrant Delight）	1978年英国	
	安妮.哈克尼斯（Anne Harkness）	1980年英国	

杜瓦勒德马恩月季园花廊入口处。

色系	品种	培育年代及国家	所获奖项
粉红色	长梦（Big Dream）	1984年美国	
	玫瑰伊甸园（Eden Rose）	1950年法国	AAR5（1950年）
	埃斯米拉达（Esmeralda）	1984年德国	
	初恋（First Love）	1951年美国	ARS Gertrude M. Hubbard金奖（1970年）
	香欢喜（Perfume Delight）	1974年美国	ARRS（1974年）
	似锦（Promise）	1976年美国	
	南海（South Seas）	1962年美国	
	芳纯（Hojun）	1981年日本	
朱红色	红茶（Black Tea）	1973年日本	
	吉普赛(Gypsy)	1972年美国	ARRS（1973年）
	赤阳（Sekiyc）	1975年日本	
红色	珠墨双辉（Crimson Glory）	1935年德国	NRS金奖（1935年），The James Alexander Gamble Fragrance Award（1961年）
	梅朗口红(Rouge Meilland)	1983年法国	
	萨姆拉衣(Samourai)	1966年法国	ARRS（1968年）
蓝紫色	蓝香（Blue Parfum）	1979年德国	
	传家宝（Heirloom）	1971年美国	
表里双色	梅郎随想曲(Caprice de Meiland)	1984年法国	
	古龙（Kronenbourg）	1965年英 peace芽变	
	我亲爱的(Mon Cheri)	1982年美国	ARRS（1982年）
混色	百老汇（Broadway）	1986年美国	AARS（1986年）
	冠军（champion）	1977年英国	
	红双喜（Double Delight）	1977年美国	Baden-Baden、Rome GM（1976年），AARS（1977年）、The James Alexander Gamble Fragrance Award（1986年）
	电钟（FunRuhr）	1984年德国	
	摩纳哥公主(Princesse de Monaco)	1982年法国	
	蒂芬（Tiffany）	1954年美国	AARS（1955年）、ARS David Fuerstenberg（1957年）、James Alexander Gamble Fragrance MW（1962年）
	唯米（wimi）	1964年英国	

1

2

01、02 锦绣花色美如画。

043　有哪些技术可以调控月季的花期?

调控月季花期的技术有摘蕾、修剪、肥水控制、喷施生长调控素以及人工冷藏等。也可以多种技术手段并用,如摘蕾的同时控肥控水。这些技术需要在长期的实践中摸索和总结。这里以金奖章和吉普赛来讲述证明修剪至盛花期,日均温度、积温数、日照等之间的关系,为调控月季的花期提供参考。

品名	修剪至盛花期	日均温度 (℃)	积温数 (℃)	历时 (天)	日均日照时 (h)	日照时总数 (h)
威士忌	2/12~4/28	9.58	718.6	75	4.67	350.8
	7/8~8/2	27.11	705	26	8.56	222.57
	积温差13.6℃为日平均温度, 27.11℃差1/1.9天 日照时差128.23时为平均日照,8.56时相差15.98天					
长梦	2/12~5/1	9.84	767.6	78	4.69	366.31
	7/8~8/5	27.19	761.4	28	8.56	239.83
	积温差6.2℃为日平均温度, 27.19℃差1/4.3天 日照时差126.48时为平均日照,8.56时相差14.77天					

044　自然气温条件下地栽月季哪些开花时间较晚?

开花时间较晚的代表性品种有:'黑旋风''吉特·弗莱尔''尊敬的米兰达''赞歌''暑假''玫瑰伊甸园''杨基歌''哈雷彗星,舒伯特''德克萨斯''塞维利亚''桑顿''神奇''世纪之春''祝你长寿''大教堂''游行''甜蜜的戴安娜''仙女''萨旺尼''底格里斯河''精灵女王''提斯伯''阿尔奇米斯特''猩红梅蒂兰''米拉托''艾利维斯·赫尔恩''桃花''夏天的早晨''公平的马乔''斯帕瑞舒伯''花毯''坦诚''夏风''紫云'等。

045　光照过强地栽月季能正常生长吗?

过度的光照和高温会导致地栽月季花朵失艳、花径缩小、瓣数减少、生长停滞,一般热带的平原地区有这种现象发生。

从花丛中看杜瓦勒德马恩月季园。

046 自然气温条件下地栽月季哪些开花较早?

开花时间较早的代表性品种有:'粉和平''红帽子''金奖章''仙境''朱红女王''光谱''金绣娃''红双喜''金阁''矮仙女''甜梦''欢笑''红胜利''绯扇''阿吉娜''贡品''亚伯拉罕钞票''索利多''小太阳''大游行''英格里褒曼''好莱坞''萨曼莎''红柯斯特''蒂芬''宴''多特蒙德''金背大红''红葡萄酒''夏梅''太阳姑娘''微明星''花魂''天堂''白玉丹心''圆舞曲''太阳仙子''赤阳''学校女孩''蓝色拉彼索迪''岩石嶙峋''佛罗伦萨人''琥珀皇后''玛蒂''尼科尔''珠光墨影''彩云''金枝玉叶''埃利克红''现代艺术''杂技表演''杰斯特·乔伊''路易斯芬妮''电子表''最佳芭蕾舞女郎''胡佛总统''传家宝''复旦''橘红火焰''希拉之香''皇家石英''香云''约会''珠墨双辉''露世美''红衣主教''魅力''阿尔蒂斯75号''杏花村''伟大''西方大地''小伙伴''拉基''维克多·雨果''花车''金奖章''古龙''丹顶''伊丽莎白女王''什里夫波特''黑魔术''莫妮卡''希望''新歌舞剧''阿班斯''北极星''月亮雪碧''瓦尔特大叔''粉扇''冰山''金玛丽''丽莲·奥斯汀''黑火山''安吉拉''J.B.C先生''马尔蒂德''金色的梅兰迪娜''讲究的布鲁姆菲尔德''红色亮片''热烈欢迎''天井公主''雷根斯堡''淡紫色的梦'等。

047 自然气候条件下地栽月季哪些开花时间适中?

开花时间适中的代表性品种有:'伊丽莎白.哈克尼斯''坦尼克''和平''漂度斯''金凤凰''绿野''皇帝的赎金''北斗''梅郎口红''珍贵的白金''吉普赛''瓦伦西亚''大奖章''天使''情侣约会''月季夫人''超级明星''伏都教''芳纯''玫瑰教授锡伯''肖像''醉香酒''弗拉名戈''恶作剧''粉豹''维拉夫人''蓝河''美多斯''蓝丝带''大紫光''高嘉玫瑰''梅郎随想曲''东方之子''拉斯维加斯''罗拉''我的选择''加利娃达''自由之钟''内维尔·吉布森''英国小姐''东方快车''荣光''摩纳哥公主''查柯克''花魂''阿班斯''天国钟声''玛瓦利''阿比莎丽卡''费迪南德·彼查德''花园城''花房''橘红绸''莫尼卡''玛丽·格斯里''灯心草''利物浦的回声''连弹''金钻黄金''亨利·马蒂斯''新的曙光''至高无上''真金''同情''彩虹''肯特''夏天的雪''白梅郎''撒哈拉''鸡尾酒''恋情火焰''金色庆典''红莫扎特''罗森多夫·斯帕瑞舒伯''粉色的伊丽莎白雅顿''克莱尔玫瑰''凯瑟琳·费里尔''晨雾''超级多萝西''修姆主教''紫色花园''红梅蒂朗''无忧无虑''描眉画眼''橙檬相'等。

01、02、03　杜瓦勒德马恩月季园一隅。

立体与平面种植景观效果在杜瓦勒德马恩月季园得到了最好的诠释。

生活小区应按其特点选择植株强健，生长迅速，枝叶繁茂，连续开花，单朵花期长，花朵艳丽繁多，相对抗寒抗病，耐粗放管理且经济等特点的品种。

以下是适宜生活小区种植的代表性品种。

杂种茶香月季（HT）

白色	北极星（Polarstern）	朱红色	香云（Duftwolk）
	白卡片（Carte Blanche）		吉普赛（Gypsy）
黄色	金丝雀（Canrary）		月季夫人（Lady Rose）
	迎宾（Parador）		新万福玛利亚（New Ave Maria）
	漂度斯（Peaudouce）		暑假（Summer Holiday）
	和平（Peace）		绯扇（Hiogi）
	阳光灿烂（Sunbright）	红色	珍贵的白金（Preclous Platinum）
橙色	金奖章（Gold Medal）		梅郎口红（Rouge Meillend）
	杰斯特乔伊（Just Joey）		宴（Lltage）
	春田（Springfields）	蓝紫色	传家宝（Heirloom）
	王朝（Ocho）		紫云（Shrun）
粉红色	长梦（Big Dream）	表里双色	古龙（Kronenbourg）
	电子（Electron）		爱（Love）
	友谊（Friendship）		我的选择（My Choice）
	维拉夫人（Lady Vera）	混色系	阿尔蒂斯75（Altesse 75）
	香欢喜（Perfume Delight）		查柯克（Chacok）
	粉豹（Pink Penther）		红双喜（Double Delight）
	粉和平（Pink Peace）		电钟（Funkuhr）
	肖像（Portrait）		伟大（Granada）
	似锦（Promise）		立康妮夫人（Mme Leoncuny）
	伊丽莎白女王（Queen Elizabeth）		新歌舞剧（Neue Revue）
	南海（South Seas）		摩纳哥公主（Princesse de Monaco）
	芳纯（Hogun）		游尼（Sundowner）
	友禅（Yuzen）		彩云（Saiun）
	粉扇（绯扇芽变）		

丰花月季（FL）

白色	白闪电（White Lightnin）	红色系	万岁（Viva）
	冰山（Ice Berg）		朱美（Akime）
黄色	金杯（Gold Cup）	蓝紫色	仙容（Angel Face）
	金玛丽82（Goldmarie 82）		震惊的兰（Shocking Blue）
橙色	杏花蜜（Apricot Nectar）	表里双色	罗马节日（Roman Holiday）
	甜梦（Sweet Dream）		锦绘（Nishikie）
粉红色	杏花村（Betty Prior）		岩石嶙峋（Rocky）
	珍品（Cherish）	混色	神奇（Charisma）
	无忧无虑（Carefree Wonder）		伦特娜（Len Tuner）
朱红色	激情（Impatient）		假面舞会（Masquerade）
	玛丽娜（Marina）		小步舞曲（Minuette）
	杰出（Prominent）		红金（Redgold）
	佐丽娜（Zorina）		
	花房（Hanabusa）		

藤本月季（CL）

白色	新的曙光（New Dawn）	红色	至高无上（Altissimo）
	新雪（Sinsetsu）		火焰（Blaze）
黄色	金色捧花（Golden Showers）	表里双色	小亲爱(Little Darling)
橙色	西方大地（Westerland）	混色	光谱（Spectra）
	真金（Evergold）		约瑟彩衣（Joseph's Coat）
粉红色	游行（Parade）		擂鼓（Pinata）
	同情（Compassion）		龙沙宝石（Pierrde Ronsard）
朱红色	美利坚（America）		哈利肯（Harlekin）
	橘红火焰（Orange Fair）		
	红色米尼莫（Red Minimo）		

微型月季（Min）

白色	白皇帝（White King）	红色	黑翡翠（Black Jade）
	你和我（You'n Me）		红小鬼（Little Red Devil）
黄色	德鲁（Dru）		热情的迷你月季（Flaming Rosamini）
	金太阳（Golden Sun）	蓝紫色	蓝彼得（Blue Peter）
	金色梅兰迪娜（Golden Meillandina）		蓝紫梅兰迪娜（Lavender Meillandina）
橙黄	爱抚（Loving Touch）	表里双色	玛蒂（Maidy）
	克拉丽莎（Clarissa）		热玉米糕（Hot Tamale）
粉红色	桃色奶油（Peachesn Cream）	嵌合体	花边草帽（Strawberry Swril）
	桃色绒毛（Peach Fuzz）	混色	彩虹（Radio）
	小钢琴（Baby Grand）		洛沙大（Rosada）
	艳粉（Fresh Pink）		明尼珍珠（Minnie Pearl）
朱红色	摇滚迷（Jitterbug）		梦游（Dreamglo）
	草裙舞女（Hula Girl）		太阳姑娘（Sunmaid）
	橘红梅郎迪娜（Orange Meillandian）		
	橘红迷你月季（Orange Rosamini）		

灌木月季（S）

白色	白梅郎（White Meidiland）
黄色	底格里斯河（Tigris）
橙色	夏风（Summer Wind）
粉红色	绿浪（Kordes' Rose Rependia）
	博尼卡82（Bonica 82）
	粉毯（Rosy Carpet）
朱红	玛格拉夫（Rote Max Graf）
红色	巴西诺（Bassino）
	赫尔斯坦87（Holstein 87）
	柏林（Berlin）
	红梅地兰（Red Meidilland）
	红丝带（Red Ribbons）

蓝紫色	巴罗克（Baroque）
	淡紫色的梦（Lavender Dream）
表里双色	特拉里玫瑰（Roseof Tralee）
混色	宾戈梅地兰（Bingo Meidiland）
嵌合体	节日奏鸣曲（Festival Fanfare）

著名的法国巴黎梅尔梅森城堡月季园。

弧形设计的碎石小路通向百花深处

PART 4

月季育种繁殖

049　月季什么季节繁殖最好？

月季四季均可繁殖。但是不同季节适宜不同的繁殖方法。例如嫁接，深秋或初冬时节腋芽最为饱满，且温度逐渐冷凉，此时嫁接相比盛夏嫁接成活率和质量都要高；扦插繁殖也是如此，深秋时节枝条成熟且富含发根物质，此时扦插繁殖可获得根系发达、生长苗壮的幼苗；深秋至冬季前期，对于生产经营者来讲，是月季在一年生长周期中最关键的扩繁时期。总体来说，以深秋至冬季繁殖为最佳。

050　月季扦插基质主要有哪些？如何配制？

月季扦插基质多种多样，通常使用的有细黄砂、珍珠岩、草炭土、蛭石、碳化稻壳等。这些基质透水透气，或取自自然，或高温烧结，清洁卫生不含有害物质，有利于插条生根，基质可以单一使用，也可以两种或两种以上按一定比例混合使用。

以下为基质的使用配比。

1.草炭土：碳化稻壳=5：5

2.草炭土：蛭石=5：5

3.草炭土：珍珠岩=5：5

4.草炭土：蛭石：珍珠岩=5：2.5：2.5

5.细黄砂：珍珠岩：蛭石=5：2.5：2.5

6.细黄砂：碳化稻壳：珍珠岩=5：2.5：2.5

01　新西兰北帕莫斯顿市的都盖尔德·麦克肯兹月季园。

02、03　都盖尔德·麦克肯兹月季园一隅。

051 如何制作家庭扦插苗床？

家庭苗床制作材质简单经济，操作方便易行，其制作主要以阳畦式、槽箱式两种方式为主，阳畦式苗床设置于庭院，木箱式苗床既可以置于庭院也可以置于阳台。

阳畦式

用铁锹挖掘出净深度（从地面计）20cm，宽度90cm，长度不限的长方形阳畦，掘出的原土合泥放在沿阳畦北侧15cm处（让出15cm是为方便扦插放置木板），东西两侧可贴边筑成北高南低的斜坡式矮墙，北侧及东西两侧的北侧高度为25cm，南侧为10cm。阳畦畦底要求平整，然后将基质薄厚均匀摊铺于畦内，并用刮板将基质刮平，最终基质的摊铺厚度为18~20cm，摊铺后即可进行扦插。

木箱式

可用泡沫箱（箱底打孔）作容器，并盛装18~20cm厚的配制基质进行扦插。也可用木箱（箱底无需打孔）盛装18~20cm厚的基质进行扦插。木箱如果放置庭院应紧邻建筑并用小拱棚罩扣。木箱也可置于阳台进行扦插。

052 月季还有哪些新型的繁殖方法？

除扦插、嫁接、压条等传统繁殖方法以外，叶插、嫩枝扦插、组织培养是较新型的繁殖方法。叶插比较适用于夏季，珍稀品种因植株稀少，惜于枝条扦插故用此法。嫩枝扦插则显得十分奢侈。因为嫩枝扦插一般在生长季节进行，剪下后很长一段时间处于"封顶"状态，极大影响日后的生长，待长出新的嫩枝需要很长时间。组织培养适合大规模繁殖，投资高，适用于企业。

1

2 01、02 沐浴在初夏阳光下的都盖尔德·麦克肯兹月季园。

都盖尔德·麦克肯兹月季园宛若精美的工艺品被陈列在大地上供人们欣赏。

月季的扦插可按下三个步骤进行。

扦插条的选择

通常情况下插条以完全木质化的当年生枝条为最佳，其直径不低于0.3cm，长度不少于3个腋芽，并在腋芽以下0.5~0.7cm处呈45°角剪下。剪下的插条每根一般保留半枚或1枚叶片。

扦插条的处理

吲哚丁酸速蘸法

将吲哚丁酸按0.1%~0.5%的比例与滑石粉充分混匀，随即将剪取的插条剪口蘸粉并迅速进行扦插。

吲哚丁酸速浸法

将吲哚丁酸用50%的医用酒精稀释成0.1%~0.2%的溶液，将插条浸蘸溶液1~2cm，经1~3秒钟后取出，迅速进行扦插。

以上两种扦插条的处理，一般适用于夏季扦插，冬季扦插如果不是人工加温，无需使用吲哚丁酸及其他化学生根物质。

扦插操作

扦插应由南向北进行，其株距为2~2.5cm，行距为3~4cm，扦插深度通常为插条长度的1/3。扦插每隔30分钟应喷水1次，待苗床扦插完毕后再喷透水。

日本大阪和平月季园内景。

054 月季扦插后的养护重点是什么?

月季扦插后的养护重点是喷水。

扦插结束后浇透水1次后，应每隔1小时喷雾化水1次。如遇阴天可2~3小时喷雾化水1次，入夜免喷，扦插第十二天后喷雾次数改为每2~3小时喷雾化水一次，直至生根后喷雾化水的间隔时间和次数逐渐递减，其间喷湿程度一般情况下以叶片及基质表面湿润为宜，但生根后切忌过于湿重。扦插55~60天时其插苗根系已经接近成熟，即可进行移栽。从扦插至移栽整个过程无需遮阳。

056 月季嫁接后的养护重点是什么?

月季嫁接后的养护重点工作是水肥管理、松土、病虫害防治、剪除孽芽。月季嫁接后的养护要求精细及时，促其快速生长发育。

水肥管理方面，前期不能缺水，更不能干旱，接芽能否很快萌出，浇水是关键。浇水以湿润为宜。接芽直至长出2~3cm时，才可施以薄肥。

松土能使土壤疏松透气、清除杂草、促进根系生长、蒸腾多余水分等作用，一定程度上还可减轻或缓解黑斑病的发生。

病虫害防治应视具体情况灵活掌握。嫁接后至接芽长至5cm左右时一般不会发生较严重的病虫害。这期间应每天认真观察，及时发现以利于采取相应措施。

剪除萌蘖也是养护的一项重要内容。萌蘖是指从砧木上刚刚生长出来的孽芽，孽芽或蘖枝的生长速度是月季接芽生长的数倍，会极大地消耗养分，导致接芽生长萎靡停滞，长时间处于休眠状态，因此，对蘖芽应及时发现剪除。

日本岐阜县一家工厂化月季扦插苗温室。

嫁接与扦插相比，具有迅速生长成苗、植株强健、开花质量优良等特点，通过长期实践与总结，带木质嵌芽接、"丁"字形嵌芽接两种嫁接方法成活率和质量最佳，是我国南北方普遍采用的嫁接方法，以下分述两种方法的具体操作。

带木质嵌芽接

在其阳面距地面或盆土3~4cm处，用专用单刃嫁接刀片切下长1.5cm的盾行切口（略带木质），然后照此规格在穗条上选取充实饱满的接芽嵌入刚刚切好的砧木切口上，接芽与切口要高度吻合。用弹性适中、宽度1cm的无色透明或白色塑料袋自上而下环环相扣绑缚牢固（露出接芽），其松紧度要适中。此法操作简便、快捷，成活率较高，但要求动作娴熟准确，切口取芽绑缚等环节应一步到位。

"丁"字形嵌芽接

在其阳面距地面或盆土3~4cm处，用短刃竖刀横切一刀，约0.5~0.8cm宽，其深度刚及木质部，再于横切口中部竖直切一刀长1.5cm，使皮层形成丁字形接口备用。然后在穗条上选取充实饱满的接芽，在接芽上方0.5~0.8cm处，横切一刀，深度刚及木质部，再用竖刀从横切口的两面纵切两刀，形成一块方形接芽，并用竖刀完整取下，迅速嵌入刚刚切好的丁字形切口内，嵌入后进行微调，随即绑缚牢固（露出接芽）其绑缚材料、方法与上述一致。嫁接的塑料带绑缚是一种传统材料和方法被长期使用，而一种嫁接专用夹的使用，使其操作简便易行，可大大提高嫁接效率。

1

2

01　日本岐阜花节纪念公园内，水景和月季相得益彰郁郁葱葱。

02　岐阜花节纪念公园缓坡月季种植强调立体景观效果。

岐阜花节月季缓坡种植调理立体景观效果。

057　月季新品种的培育方式主要是什么?

月季新品种的培育方式主要有人工授粉育种、天然杂交育种、辐射诱变育种等方法。

人工授粉育种按照顺序为亲本选择、时间选择、杂交操作（去雄、采粉、人工授粉）授粉后的管理、种子采收及播种等。

天然杂交育种省时省力，是培育新品种的重要途径之一，通常选择多季开花，花朵硕大艳丽，芳香的品种做母本，进行天然杂交，坐果后加强养护，于11月收获果实，12月播种，之后进行精心培育，观察记录及初选等步骤。

辐射诱变，也是培育新品种的重要途径之一，其原理是利用Co60-γ射线对月季芽体、种子进行辐射处理，通过一定能量的辐射使基因发生突变或染色体断裂，引起基因重新排列组合从而发生品种变异获得新品种。该种诱变方法具有很强的不确定性，是不以人的意志为转移的。

058　世界上知名的月季育种机构主要有哪些?

现代月季种群的建立是与月季育种密不可分的，以下这些月季育种机构力在世界月季育种领域取得辉煌成就，为现代月季种群的建立做出突出贡献。

1. 德国：Kordes、Tantau

2. 法国：Meilland、Paolino、Laperriere、Kirloff

3. 美国：J&P、Swin、J.H.Nicolas、Boernet、Perry、Moore、Gaujard、Warriner、Cants、Armstrong、Lindquist、Lamments、E.Christensen、Coddington

4. 英国：Cocker、Dickson、Kirkham、Gregory、Harkness、McGredy、Cant、Wisbech、Pearce、Holmes、Norman

5. 日本：京成

6. 荷兰：Leeders、G.Berbeck

岐阜花节纪念公园内的水景设计使园区顿呈活力与灵气。

PART **5**

月季造型

把月季原本灌木的生长形态变成独干式乔木，形成月季树（树状月季）（Standard Roses），是时间与技术积淀的结果，绝非一日之功。以下是3种常用的创造"月季树"的方法。

独干顶端芽接形成月季树

选取粗壮的无刺蔷薇、粉团蔷薇、花旗藤及紫花蔷薇等砧木的独干（长50cm、65cm、100cm、120cm不等）植株，在其顶端匀称的侧分枝斜面向阳处，嫁接亲和性强、生长匀称、多季开花的月季接芽。

自根株通过整形形成月季树

在地栽月季中选择根生枝粗壮的植株，剪除所有相对较细的根生枝，只保留其中最为粗壮直顺的1根（茎直径不低于2cm，高度最低为50cm）。枝条顶端如果没有侧分枝应剪除嫩枝。以刺激腋芽迅速长出，最终顶端形成匀称的树冠，即成月季树。此法无需嫁接，堪称月季树的创新栽培。

多干编捆一起形成月季树

选择直径1cm左右的蔷薇砧木3~4根，将其交错编捆在一起，然后在其顶端侧分枝斜面向阳处嫁接。砧木留取高度及接芽品种要求等参见上文。

无论采用何种方法使月季变成"树"，均不是人们想象的那样简单，中间要经历砧木品种与粗细的选择，接芽即月季品种的选择，嫁接，萌蘖剪除，水肥管理，病虫害防治，整形或造型的许多技术环节。除此之外，一般一株月季树冠初步形成大约需要1~2年时间，如想要树冠大，且大部骨干枝强健粗壮的话，则需要更长年份。

美国洛杉矶月季繁育公司生产基地的月季树整齐划一。

060　相比普通月季树状月季有哪些特点?

相比普通月季，月季树主要有以下几大特点。

1. 属高端月季产品具有较高的观赏性和经济价值。
2. 为园林设计应用及城市美化增加了新的花卉应用种类。
3. 病虫害较少。
4. 适用范围较广。

061　北方地区月季树在庭院内如何安全过冬?

如果是当年栽种的砧木当年嫁接其树冠刚刚形成，即使靠近庭院建筑物阳面也应做防寒处理方法可。应用木条或粗壮竹杆制成笼柱，将整株月季树罩于其中，并用无纺布和塑料薄膜覆盖其上，最后将笼柱用绳索紧紧缠绕，笼柱下面四周在无纺布塑料薄膜边沿用重物压实。

当年栽种的多年生成株月季树，同样要做防寒处理，以防极端寒冷天气的出现。可用木条或粗壮竹杆及无纺布或塑料薄膜搭建简易风帐，或直接将其包裹等。

063　月季有哪些造型方式?

月季的主要造型有：笼柱式、球形式、扇形式、伞形式、树形式、瀑布式等形式。

月季各种造型。

洛杉矶月季繁育公司生产的月季树干粗干高冠幅等规格标准化。

花园里有个月季盛开的拱门是很多花友的梦想。月季拱门造型并不难，但也需要注意以下几点。

1. 选对品种

因为需要弯曲牵引，所以最好选择枝条柔软的藤本月季。

2. 及时牵引造型

这点很重要，因为新长出来的枝条柔软，比较容易造型，如果等到枝条木质化，长得过长时再去牵引，造型效果会大打折扣，而且强拉硬拽还会对枝条造成伤害。

3. 及时修剪

月季生长很快，不及时修剪很快会长得凌乱，破坏之前的造型。修剪时注意花枝尽量分布均匀。

1

01 临街的拱门月季。

适合造型的月季类型多以藤本和灌木类型为主，二者的所属品种中有的高大强健，适宜做笼柱式球形式等，有的匍匐蔓生，枝条软弱得如同颀长的垂柳枝，适宜做垂直生长的瀑布式等。以下是适宜造型的类型与品种。

藤本月季（CL)

色系	品种	培育年代及国家	适型	所获奖项
白色	新曙光（New Dawm)	1930年美国	适合球形式	
黄色	劳拉.福特(Laura Ford)	1990年英国	适合笼柱式	
橙色	女学生（School girl)	1964年英国	适合球形式	
	热烈欢迎（Warm Welcome)	1991年英国	适合笼柱式	
粉红色	佳丽（Albertine)	1921年法国	适合笼柱式、伞形式	
	同情(Compassion)	1973年英国	适合球形式	
朱红色	美利坚（America)	1976年美国	适合球形式	AARS（1976年）
红色	多特蒙德（Dortmund)	1955年德国	适合笼柱式	
	引人注目（Danse du Feu)	1954年德国	适合伞形式、树形式	
混合色	光谱（spectra)	1983年德国	适合笼柱式、扇形式	
	幸运(Bomamza)	1982年德国	适合笼柱式	
	约瑟.彩衣（Joseph's Coat)	1964年英国	适合笼柱式	Bagatelle金奖(1964年)

灌本月季(S)

色系	品种	培育年代及国家	适型	所获奖项
白色	梅迪兰晨曲（Alba Meidiland)	1987年法国	适合球形式,树形式,扇形式,瀑布式	
黄色	贵如金（Good as Gold)	1995年英国	适合球形式	
	夜光（Night Light)	1982年丹麦	适合笼柱式	
橙色	夏风（Summer Wind)	1975年德国	适合伞形式，球形式	
粉红色	绿浪(Kordes' Rose Repandia)	1983年德国	适合瀑布式，球形式	
	婴儿毛毯（Baby Blanket)	1993年德国	适合手形式，扇形式	
	珍珠梅迪兰(Pearl Meidiland)	1989年法国	适合球形式	
朱红色	丽达（Lydia)	1973年德国	适合笼柱式，球形式，树形式	
红色	猩红梅迪兰（Scarlet Midiland)	1985年法国	适合笼柱式，手形式	
	巴西诺（Bassino)	1988年法国	适合球形式，伞形式	
蓝紫色	魔毯（Magic Carpet)	1992年美国	适合树形式伞形式	

色系	品种	培育年代及国家	适型	所获奖项
混色	幸运（Bonanza）	1982年德国	适合树形式伞形式	
表里双色	特拉里玫瑰（Rose of Fralee）	1964年英国	适合树形式，伞形式	

欧式月季拱门。

065

想让篱笆房屋的墙壁上都爬满月季，应该选择什么品种?

实现这一目标的，前提是必须有5小时以上的直射光照时间，品种最好选择藤本月季和灌木月季。

藤本月季（CL）

色系	品种	培育年代及国家	适型	所获奖项
白色	新曙光（New Dawm）	1930年美国	适合篱笆及墙壁	
	梦塔（Dreaming Spires）	1973年英国	适合墙壁	
黄色	劳拉·福特（Laura Ford）	1990年英国	适合篱笆墙壁	
橙色	西方大地（Westerland）	1969年德国	适合篱笆	
	生活气息（Breath of Life）	1982年英国	适合篱笆	
粉红色	佳丽（Albertine）	1972年的德国	适合篱笆墙壁	
朱红色	橘红火焰（Orange Fair）	1988年德国	适合墙壁	
	美利坚（America）	1976年美国	适合篱笆墙壁	AARS（1976年）
红色	绯红捧花（Crimson Shower）	1927年西班牙	适合篱笆	
	罗斯·曼特拉（Rose Mantla）	1968年英国	适合墙壁	
	引人注目（Danse du Feu）	1954年法国	适合篱笆、墙壁	
混色	光谱（spectra）	1983年法国	适合篱笆、墙壁	
	撒哈拉98（Sahara98'）	1996德国	适合篱笆	

灌木月季（S）

色系	品种	培育年代及国家	适型	所获奖项
白色	马尔维斯·海丽斯（Malvern Hills）	2000年英国	适合墙壁	
	白梦梅迪兰（White Meidiland）	1986年法国	适合篱笆	
	梅迪兰晨曲（Alba Meidiland）	1987年德国	适合墙壁	
黄色	夏风（Summer Wind）	1975年德国	适合篱笆墙壁	
粉红色	博尼卡82（Bonica'82）	1982年法国	适合篱笆	
绿浪	（Kordes' Rose Repandia）	1983年德国	适合篱笆墙壁	
朱红色	宾戈·梅迪兰（Bingo Meidiland）		适合篱笆	
红色	巴西诺（Bassino）	1988年德国	适合篱笆	
蓝紫色	巴罗克（Baroque）	1995英国	适合篱笆	
表里双色	仙境（CarefreeWonder）	1990年法国	适合篱笆	
混色	幸运（Bonanza）	1982年德国	适合篱笆墙壁	

沿立柱与墙体攀援生长的藤本月季。

066 如何让月季攀援在墙壁上？

藤本月季具有植株强健高大，根生枝粗壮，生长迅速等特点，如想其沿墙壁攀援生长，必须在种植之前对墙壁做简单处理，具体操作如下。

从地面往上3米，每隔50~60cm横向将铁钩与墙壁固定。然后用粗细适中的铁丝套入铁钩中，逐根拉紧后，将铁丝两头固定于铁钩。随着藤本月季不断向上攀援生长，可将原本散乱的枝条，用专用尼龙绑扎带固定于横向设置的铁丝上。

067 月季造型应综合考虑哪些因素？

月季的造型十分丰富，但无论何种形式的造型，在实际应用中应掌握以下原则。

1. 月季造型本身就是一件园林艺术品，属园林艺术范畴，应遵循园林艺术规律进行设计和置放。要把置放的周边环境、花草树木、建筑、光照、水体、道路、绿占面积等园林元素综合考虑才能施工，最终达到园林景观和谐统一，充分体现园林之美。

2. 造型物要求牢固安全、经久耐用，一般以铁质为佳。

3. 置放位置无论是一面观还是多面观，应方便游人观赏和方便日常养护。

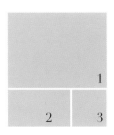

	1
2	3

01、02、03 爬满花廊与花墙的藤本月季景观效果。

PART **6**

月季专类花园

世界上著名的月季专类花园有以下几个。

1. 德国的桑格豪森欧洲月季专类园，种植约8300种现代与古老月季，是目前世界上收集月季品种最全面的月季专类园。

2. 法国巴黎莱恩月季专类园，占地11hm^2，种植约600余种3万余株月季。

3. 法国巴黎梅尔梅森城堡玫瑰园（约瑟芬花园），建于1798年，到1914年已种植月季与玫瑰约250种近3万株，直至今日所植品种绝大多数为历史遗留品种。

4. 英国伦敦皇家月季协会月季专类园，占地5hm^2，种植1600种3万余株。

5. 意大利罗马市月季专类园，种植200余种。每年在此举办国际月季展览评比活动。

6. 荷兰海牙布鲁克月季专类园，种植约300余种、6万余株。很多国际新品种评比活动在此举办。

7. 美国宾夕法尼亚的赫西月季园，种植约4000余种，10万余株，是美国重要的月季专类园。

8. 美国俄亥俄州首府哥伦布月季专类园，种植月季千余种，5万余株。

9. 瑞士日内瓦格朗热月季专类园约3.5hm^2，种植约200种，1.5万余株。每年举办国际月季展览及评比活动。

10. 丹麦哥本哈根郊区月季专类园，占地1.5hm^2，种植约500余种近2万余株，是丹麦最大的月季专类园。

11. 日本岐阜花节纪念公园，占地约70hm^2，种植7300余种，6万余株，其月季品种数量位居亚洲第一、世界第二。

12. 美国加州索奴玛蒋思钿古老月季园，以中国月季前辈"月季夫人"蒋恩钿女士名字命名，占地约2hm^2，主要种植中国古老月季，这是目前国外唯一一处种植中国古老月季的专类园。

1
2

01 日本岐阜花节纪念公园。

02 荷兰海牙西布鲁克月季园。

01 德国桑格豪森欧洲月季公园。

02 法国巴黎梅尔梅森城堡玫瑰园。

03 法国杜瓦勒德马恩月季园。

德国巴登月季园夜景。

中国知名的月季专类园分布在首都北京以及山东、河南、广东、江苏等省份。

1. 北京植物园月季园，建成于1993年，种植千余种，达数万株。

2. 北京爱情海玫瑰文化博览园，占地50hm²，种植200余种，9万余株。

3. 北京大兴月季主题公园，占地约44hm²，种植约1700余种，8万余株。

4. 山东莱州中华月季园，占地约20hm²，种植千余种，20余万株。

5. 广东深圳人民公园月季专类园，占地约8hm²，种植300种，5万余株。

6. 江苏常州紫荆公园国际月季专类园，占地约0.5hm²，种植700余种，7千余株。

7. 江苏常州红梅公园月季园，占地约0.25hm²种植200余种，2000余株。

8. 江苏淮安月季专类园，占地约10hm²，种植300余种，数万株。

8. 江苏太仓恩钿月季公园，占地约6hm²，种植百余种，万余株。

9. 河南郑州月季专类园，占地约6hm²，种植千余种，30余万株。

10. 河南南阳月季专类园，占地约20hm²，种植约800余种，20余万株。

11. 河北石家庄月季园，占地约10hm²，种植500余种，数万株。

01 江苏常州红梅公园月季园。

02 江苏太仓恩钿月季公园

03 江苏常州紫荆公园。

云峰山脚下的莱州中华月季园。

法国历史上拿破仑皇后约瑟芬，一生痴迷月季，1798年，约瑟芬购买了巴黎南郊的梅尔梅森城堡（约瑟芬花园），并在城堡周围开辟月季园，约瑟芬皇后为搜集月季品种，给一位伦敦园艺家办理特别护照，使他可以同月季苗一起穿越战争火线。为此，英法海战暂时熄火，让载有月季苗的海船安全通行。

建园当年，约瑟芬皇后邀请当时的法国花卉图谱画家皮埃尔·约瑟夫·雷杜德在其花园里用手中的画笔描绘月季与玫瑰的花、枝、叶。画中的月季、玫瑰出神入化，惟妙惟肖，令人惊叹，这就是《LesRoses》。这部画作被后人推崇为"玫瑰圣经"。

直至1814年约瑟芬皇后去世时，园区已种植月季与玫瑰传世佳作约250种，近3万株。其中以月季品种与株数居多。光阴荏苒，如今二百多年过去，城堡依旧花开更艳丽，现在园内的月季与玫瑰枝叶茂密、花开繁盛，挂牌展示。其标注的出品年代有的甚至经过了400年，近者也在百年左右，这些历史遗留的活化石，无声地诉说着它的沧桑历史。全世界不知有多少月季专业工作者和发烧友都以到过这家花园，感到骄傲和自豪。

梅尔梅森城堡玫瑰园（约瑟芬花园）展示的不仅仅是株株月季与玫瑰，更是科研价值、旅游价值、历史价值和文化价值的体现，也是月季与玫瑰活的基因库。

1

2

01、02　法国巴黎梅尔梅森城堡玫瑰园一隅。

PART 7

月季文化

我国是月季栽培种的原产地,是名副其实的"月季故乡"。这一点已在世界月季届达成广泛共识。那么,月季的原产地具体在何处呢?同治年间淮阴人刘佳绰所著《月季群芳谱》记载:月季"盛于同治初年,淮扬间始广植之,奇葩异品,多系种出,宜当年群芳谱所未及载也。"当时漕河总督张万之为其作序:同治庚午岁,余秉节漕河,时江淮甫际承年、民物丰阜、平泉花末之胜,刘郡皆然。有月季花一种、争奇斗艳,多至百余种,每赐以嘉名,余极爱之,生平宦辙未经,得未曾见,适抚吴后,乞养家居,吴中尚无此多品,每年购自淮扬……及回京后,南中诸友时有所贻。从序言中不难看出,同治初年淮阴已有月季百余种,且多为自育。同治十三年,扬州人士根据当地物候规律,出版《月季花栽培法》一书,详细阐述一整套月季栽种理论。并列举珍品10种,优种44种。还有很多史料古籍如杭州人士吴自牧在《梦粱录》一书中也提到月季。

总之,史料古籍所记载的内容,都从一个侧面证明月季栽培种原产于我国江浙一带。

月季之所以叫"月季",是由于月月季季花落花开,茬茬相连的开花习性所决定的。这个习性是现代月季的重要特征,为方便起见,便成为现代月季的简称。除叫"月季"外,在我国历史上还有其他名字,如长春花、月月红、斗雪红、胜春、瘦客、宝相花等。当然,这些名字从今天的角度讲都属于中国古老月季的总称。为与现代月季区别,中国花卉协会月季分会曾提出将中国古老月季谓之"月季花"。

| 1 |
| 2 |

01　微型月季组合式盆栽。

02　月季树吸引了游人的目光。

073 我国从何时开始进行月季栽培的?

在考古的物证中，唐朝建筑构件上就有月季样式的花纹图形。唐朝著名诗人李白、白居易、杜牧、李商隐等都有赞咏月季的诗篇。而有关月季的栽培、开花习性等内容的最早文字记录是北宋的宋祁，其在《益都方物略记》记述"此花即东方可谓四季花者，翠蔓红花，蜀少霜雪此花得终岁，十二月辄一开花亘四时，月一披秀，寒暑不改，似固守常"。可见我国的月季栽培始于唐宋时期，可谓历史悠久，源远流长。

074 与月季相关的古代代表人物有哪些?

与月季相关的古代代表人物主要有记述月季栽培与赞美月季的文人两类，从记述月季栽培角度讲，首推最早用文字提到月季的代表人物，即北宋的宋祁以及明代的王象晋，清代刘传绰、许光照、陈葆善等，其中，陈传绰所著《月季群芳谱》记载的月季品种多达百余种，是已知的月季古籍中记载月季品种最多的一部专著，弥足珍贵。而吟咏赞美月季的古代代表文人则有唐代李白、杜牧，宋代杨万里、徐积、苏轼、宋祁等。

1	2
3	4
5	6
7	8

01 '湖中月'　　05 '月月红'
02 '软香红'　　06 '四面镜'
03 '玉玲珑'　　07 '月月粉'
04 '羽士妆'　　08 '阳春白雪'

075 古老月季与现代月季如何区分?

早在1966年以前，美国月季协会古代月季委员会和分类委员会提出：1867年现代月季出现以前的包括变种和品种在内的月季种群称为古代月季。1966年这一提法得到美国月季协会的肯定。1867年欧洲培育出了世界上第一个杂种茶香月季'法兰西'（La France），这一品种标志着现代月季体系基本形成，为新的种群的建立开辟了新的天地。因此这个品种有时不从字意翻译而直接称为'新天地'。

以下为部分具有代表性的古老月季与蔷薇。

1.中国古老月季及其变种，2.波旁月季；3.波特兰月季；4.偌塞特月季；5.香水月季；6.玫瑰；7.木香；8.光叶蔷薇；9.狗蔷薇；10.洋蔷薇；11.苔蔷薇。

现代月季与古代月季相对应，1966年美国月季协会定义为1867年第一个杂交茶香月季出现以后的品种群为现代月季，这个定义得到世界月季界的广泛共识。

现代月季种群主要归纳为如下几大类型：1.杂种茶香月季；2.丰花月季；3.藤本月季；4.微型月季；5.灌木月季。

076 中国古老月季是从何时输出国外的?

1781年荷兰东印度公司将我国的'月月红''月月粉'月季品种引入荷兰，植于莱顿（Leyden）的植物园内，后经辗转，引入英国，这是中国古老月季输出国外的最早记录。

1789年和1809年，英国人又从中国将连续开花的香水月季引入英国，被称为"休姆的中国红茶香月季"（Hume Blush Tea Scented China）。1810年，中国的粉红月季在印度洋西部的留尼汪岛上与大马士革蔷薇天然杂交，最终形成波旁月季（Bourbon Roses）种群。1824年，首株大花芳香的黄色月季由中国引入英国皇家园艺协会，这个品种其香味如同揉碎的茶叶，当时在英国称为"中国黄香水月季"。1825年被引入法国并与法国本土月季杂交产生淡黄香水品种。在这之后的岁月里西方人又多次从中国引入古月季至欧洲。也正是因为西方人对中国古老月季的青睐和不懈追求才有了与异乡月季一次次历史性大融合，并最终建立复杂多样的现代月季体系。

077　中国古老月季现在还有活的植株吗?

　　中国古老月季是古代劳动人民智慧的结晶，是中国月季文化的重要组成部分，从历史文献综合分析看，鼎盛时期有近200个品种，其中刘传绰的《月季花谱》所记品种就有一百多种，书中称蓝田碧玉、桃坞春深、南海天竺、月下飞琼、西园密波、春水绿波为最佳，并对许多品种进行了生动描绘，如蓝田碧玉为"花开色为蜻蜓翅，纯是翠蓝色，天然奇种"；如春水绿波"馨口圆瓣，白色，在半时开有红晕，纤妍可爱，春秋色皆好，间时见日变红，叶长而尖，花叶枝干无一不佳，完品断推此种"等等。中国古老月季历经数百年沧桑巨变，曾经在华夏土地上娇媚盛开的中华珍品，绝大多数只能在文献中的字里行间找寻。直至今日存世的活体大约只有40余种，例如大富贵、飞阁流丹、双翠鸟、鹅掌金波、淡云微雨、软香红、云蒸霞蔚、玉玲珑、阳春白雪、金瓯泛绿、金粉莲、桔瓤、银烛秋光、羽士妆等。这些品种历经无数寒暑，活体保留至今实属不易，愈显弥足珍贵。

078　中国古老月季在世界月季中的地位如何?

　　数百年前，西方人通过各种方式将我国连续开花且具香气的月季品种引入欧洲，与欧洲本土月季、蔷薇完成一次次历史性大融合，产生了复杂多样的现代月季种群，改变并影响了世界月季格局。这是数百年以来在世界月季界发生的最重大也是最伟大的一场变革。英国植物学家杰姻斯·麦克因蒂尔（James Mcintyre）很早以前这样评价中国古老月季："在现代月季的生命中流淌着中国古老月季一半的血液"。这个评价得到世界月季界的广泛共识，这个评价不是中国人争取来的，而是历经数百年中外月季交流的结果，是确凿的事实。

　　另外，许多国外月季专业刊物也总将中国古老月季置于刊首介绍，各种规模的月季展览中也总能见到中国古老月季的倩影。中国古老月季在世界月季中具有崇高地位。

洛杉矶月季繁育公司生产区形成月季花海。

　　我国月季栽培历史悠久绵长，有关月季栽培的古籍以及赞咏诗篇不胜枚举，如上文提到的最早用文字记录月季的北宋宋祁的《益都方物略记》，明代王象晋的《群芳谱》，明代李时珍的《本草纲目》，清代谢堃的《花木小志》，许光照的《月季花谱》，徐寿基的《品芳录》，陈葆善的《月季花谱》等等，都对月季的生长习性栽培繁殖等作出详细而生动的描述。历史文人骚客吟咏赞美月季的诗篇生动隽永。北宋《益都方物略记》著者宋祁赞美月季的诗篇"群花各分荣，此花冠时序，聊披浅深艳，不易冬春虑，真宰竟何言，予将造型悟"，至今被人传颂。与宋祁同处一个时期的宰相韩琦也有诗云："牡丹殊绝委春风，露菊萧疏怨晚丛，何以此花荣艳足，四时长放浅深红"。唐代，杜牧的蔷薇花诗云："朵朵精神叶叶柔，雨晴香拂醉人头，石家锦障依然在，闲依然风夜不收"。唐代李白的赞月季诗云："牡丹富贵为春晓，芍药虽盛只初夏，只有此花开不怨，一年独占四时春"。宋代，杨万里的月季花诗云："只道花开无十日，此花无日不春风，一尖已剥胭脂红，四破犹包翡翠茸，别有香超桃李外，更有梅斗雪霜中，折来喜作新年看，忘却今晨是季冬"。宋代诗人苏轼的月季花诗云："花落花开无间断，春来春去不相关，牡丹最贵唯春晚，芍药虽繁只夏初，唯有此花开不厌，一年常占四时春。"

　　还有很多古人吟咏赞美月季的诗篇，以上的传世诗篇只是其中具有代表性的作品。

桑格豪斯欧洲月季园一隅。

具有200余年历史的法国巴黎梅尔梅森玫瑰园，园区内许多古老月季被称为"月季中的活化石"。

080 月季在我国传统十大名花中排名第几?

十大名花按先后顺序分别是：梅花、牡丹、月季、兰花、菊花、杜鹃、山茶花、荷花、桂花、水仙花，十大名花中月季排名第三。

081 哪些国家的国花包含月季、玫瑰及蔷薇?

花卉是人们表达各种情感的载体，是美的化身，而国花不仅仅让人感到浪漫与美丽，更多的是庄严与神圣，它代表一个国家悠久的历史和灿烂的文化，象征民族精神，代表和反映人民对祖国的热爱和浓郁的民族感情。国花还可增强民族凝聚力，同时也是花卉文化的重要体现。

以下介绍将月季、玫瑰及蔷薇作为国花的国家。

亚洲

伊朗：黄色蔓生蔷薇

伊拉克：红色月季

沙特阿拉伯：乌丹玫瑰

土耳其：郁金香、月季

欧洲

保加利亚：大马士革玫瑰

捷克：捷克椴、月季、康乃馨

英国：红色月季

北爱尔兰：铁钩蔷薇

卢森堡：月季

罗马尼亚：月季

美洲

美国：月季、山楂、山月桂、蔷薇

洪都拉斯：月季

	1
2	3

01 梅尔梅森城堡玫瑰园一隅。

02、03 欧洲古老月季。

截至目前，我国以月季为市花的城市有64个，以玫瑰为市花有10个，以黄刺玫为市花的有1个。

以月季花、玫瑰、黄刺玫作为市花的城市

省区	城市	市花	年度	省区	城市	市花	年度
北京	北京	月季	1987	安徽	蚌埠	月季	
天津	天津	月季	1984	福建	莆田	月季	
河北	石家庄	月季		江西	新余	月季	
河北	唐山	月季		江西	吉安	月季	
河北	邢台	月季		江西	南昌	月季	1985
河北	辛集	月季		江西	鹰潭	月季	1986
河北	廊坊	月季		山东	青岛	月季	
河北	邯郸	月季		山东	威海	月季	
河北	沧州	月季		山东	济宁	月季	
河北	承德	玫瑰		山东	莱州	月季	
辽宁	大连	月季		山东	滨州	月季	
辽宁	锦州	月季		山东	胶南	月季	
辽宁	辽阳	月季		山东	潍坊	月季	
辽宁	沈阳	玫瑰		河南	郑州	月季	1983
辽宁	抚顺	玫瑰		河南	商丘	月季	
辽宁	阜新	黄刺玫		河南	焦作	月季	1984
黑龙江	佳木斯	玫瑰		河南	濮阳	月季	
江苏	常州	月季	1983	河南	漯河	月季	
江苏	淮安	月季	1985	河南	灵宝	月季	
江苏	泰州	月季		河南	三门峡	月季	
江苏	宿迁	月季		河南	驻马店	月季	1983
江苏	太仓	月季		河南	平顶山	月季	
安徽	芜湖	月季		河南	新乡	月季	
安徽	安庆	月季	1986	河南	信阳	月季	
安徽	阜阳	月季		河南	开封	月季	
安徽	淮南	月季		湖北	宜昌	月季	

省区	城市	市花	年度	省区	城市	市花	年度
安徽	淮北	月季		湖北	十堰	月季	
省市	城市	市花	年度	省市	城市	市花	年度
湖北	沙市	月季		四川	西昌	月季	1985
湖北	随州	月季		西藏	拉萨	玫瑰	
湖北	恩施	月季		陕西	西安	月季	
湖南	衡阳	月季		陕西	咸阳	月季	
湖南	邵阳	月季		甘肃	天水	月季	
湖南	娄底	月季		甘肃	兰州	玫瑰	
湖南	湘潭	月季		宁夏	石嘴山	月季	
广东	佛山	玫瑰		宁夏	银川	玫瑰	
广西	柳州	月季		新疆	乌鲁木齐	玫瑰	
四川	德阳	月季		新疆	奎屯	玫瑰	
四川	绵阳	月季					

083 月季的品种命名有什么讲究吗?

月季品种非常丰富，分析和总结月季花名不难看出，大致由颜色、景物、人物、宗教、神话、情感等几大类组成。

例如，以颜色命名的代表品种有：'墨绒''震惊的蓝''立体色''金背大红''金背朱红''银背朱砂''锦绘''异彩''紫袍玉带''红茶'等。以景物命名的代表品种有：'春田''花园城''地中海''飞阁流丹''朝云''海岛风光''威士忌小溪''维也纳风光''埃菲尔铁塔''白闪电''冰山''旭日''北斗''稻田''星光'等。以人物命名的代表品种有：'林肯''伊丽莎白女王''桑戈尔总统''胡佛总统''爸爸梅朗地''朱莉安娜''爱尔兰小姐''英国小姐''封面女郎''摩纳哥公主''茶花女''依通姬''金发女郎''蝴蝶夫人''贝亚特里克女王''玛格丽特公主''清子公主''亚历山大''梅朗夫人''月季夫人''第一夫人南希'等等。

以宗教命名的代表品种有：'红衣主教''修姆主教''信徒''基督教'等。

以神话命名的代表品种有：'灰姑娘的午夜''自由神''金色天使''太阳神''月亮女神''女神''太阳仙子''西方太阳''金巨人'等。以情感命名的代表品种有：'初恋''激情''友谊''友爱''幽会''我亲爱的''爱''小亲爱''勿忘我''香欢喜''甜蜜的心''祝福'命名的品种。

还有一些如节假日，历史典故等。

　　最具代表性的人物当属19世纪法国的皮埃尔·约瑟夫·雷杜德（Piezze-Joseph Redoute' 1759-1840年）。他出身于法国列日省的一个画家世家，23岁时到巴黎成为法国国家自然历史博物馆著名花卉画家杰勒德·范·斯潘东克（1746-1822年）的学生兼助手。之后师从植物学家查尔斯·路易斯·埃希蒂尔·德布鲁戴尔（1746-1800年）系统掌握了植物形态方面的重要特征。这些植物学知识使得雷杜德能够将他的绘画作品赋予严格的学术性与实践性。

　　1788年，他被法国皇室任命为宫廷专职画家。1798年受约瑟芬皇室之邀，开始用手中的画笔为约瑟芬皇室的梅尔梅森城堡玫瑰园描绘月季与玫瑰。从1798年开始至以后的20年间是雷杜德一生中最重要的创作时期。这一时期他与许多著名的植物学家合作，先后出版了《Les Liliacees》《Les Roses》等著作。《Les Roses》自问世以来以各种语言和版本共出版了3200多种复制本。受众面极其广泛，影响了一代又一代读者。书中对月季玫瑰的描绘细致入微、出神入化、百看不厌。被誉为"最优雅的艺术，最美丽的研究"。《Les Roses》用不可逾越的严谨性、写实性而被推崇为"玫瑰圣经"。

　　'和平'（Peace）为杂交茶香月季（HT），该品种自1942年在法国梅朗（Meilland）公司问世至今已逾70年历史，它孕育在纳粹的铁蹄下，诞生于和平的曙光里，它是在1945年"二战"结束后旧金山的一次国际和平会议上被代表们集体命名的。从那时起'和平'月季逐渐在世界各地盛行开来，几十年来，在许多国家的公园、月季专类园及各种月季会展上从不缺少'和平'美丽的倩影。

　　该品种1944年获波特兰（Portland）金奖，1946年获全美月季优选奖（AARS）。1947年获英国皇家月季（NRS）和国家金奖（ARS）。1965年获海牙（Hage）金月季奖。1975年被评为世界最佳月季第一名。1973年美国友人手捧娇艳欲滴的'和平'之花走进中南海菊香书屋，将它献给了毛泽东主席。多少年来国内外专业人士，民间人士，以'和平'为亲本培育出了无数具有'和平'遗传基因的月季新品种，这些品种或花姿曼妙，或馨香馥郁，传颂和平万岁，'和平'之花绽放在人们的心坎上，'和平'的故事四海传扬。

梅尔梅森城堡玫瑰园内几何形花坛。

月季花开时节最吸引人眼球的是月季花朵,也就是月季欣赏的核心部分,这一点毋庸置疑。实际上除了花朵,月季的其他部分也是欣赏的亮点。例如刚刚萌发的酱紫色幼叶在拂煦的春风中在绵绵的春雨后再明媚的阳光下叶叶舒展,焕发着勃勃生机,让人们有一种强烈的期待感。待五颜六色的花瓣边缘迫不及待的撑开花萼时,其期待欲加强烈,似乎每时每刻都在等待着满园春色观不尽的美妙时刻的到来。

当月季羞涩绽放时,那千姿百态的花朵,妖艳动人的花色,还有那芬芳馥郁的花香不知迷醉了多少人的心灵,陶冶了多少人的情操。盛夏时节尤其是雨后粗壮挺拔、笔直的根生枝破土而出,使人倍感月季生命力的坚强与活跃。深秋时节,经过春夏秋三季的旺盛生长,此时植株枝干匀称、叶片肥厚、株形优美、花开艳丽,正以一年中又一个最美好的姿态迎接着寒冬的到来,这时也是人们一年中又一次欣赏月季的最佳时节。冬临大地、寒流侵袭、万物萧疏,雪花下面关不住鲜红、掩不住金黄、盖不住蓝紫……待暖阳升起雪花融尽,花们依旧炫耀着美丽。

花语能够表达和传递情感,反映人的精神世界,月季是最佳载体之一。

白色月季:寓意尊敬和崇高。在日本,白色月季象征父爱,是父亲节的主要用花,白色月季的花蕾象征少女。在美国,白色月季象征纯洁。

红色月季:象征热恋、热情与贞节。人们多把它当做是爱情的信物,爱的代名词,是情人节的首选花卉。红月季花蕾代表可爱。

粉红月季:象征优雅高贵和感谢,美国人认为粉红色传递赞同或赞美的信息。

黑色月季:象征有个性与创意。

蓝紫色月季:象征珍贵、珍惜。

橙黄色月季:象征富有青春气息,美丽。

黄色月季:代表道歉。法国人认为代表妒忌或不忠诚。美国人认为代表喜庆与快乐。

绿色月季:代表纯真,俭朴与赤子之心。

双色月季:代表矛盾与兴趣较多。

三色月季:代表博学多才、深情。

欧洲古老月季花香馥郁，花色迷离而神秘。

英国城堡月季园充满皇家气息。

PART **8**

月季与生活

月季与玫瑰的衍生品主要涉及以下几大类：食品类、酒水类、饮料类、化妆品类、保健养生品类、布艺类、工艺品类。

食品类主要包括：玫瑰酱、玫瑰蜜、玫瑰含片、玫瑰和月季糕点等。

酒水类主要包括：玫瑰和月季酒。

饮料类主要包括：干鲜玫瑰花和干鲜月季花。

化妆品类主要包括：玫瑰香水、月季香水、玫瑰和月季霜膏以及玫瑰水等。

洗护类主要包括：玫瑰香皂，玫瑰沐浴液等。

保健养生品类包括：玫瑰精油等。

布艺类主要包括：各种功能的生活纺织品。如沙发布、桌布、台布、窗帘、壁布、床上用品等。

工艺品主要包括：陶瓷类、玻璃类、木质类、石制类、石膏类、金属类、人工合成材质类。

生产月季与玫瑰衍生品国家主要有"玫瑰王国"保加利亚，以及摩洛哥、土耳其、哈萨克斯坦等国家。衍生品一般以精油为主，占据全球市场的半壁江山。

| 1 |
| 2 |

01、02　迎来花季的德国桑格豪斯欧洲月季园。

德国桑格豪森欧洲月季园被世界月季联合会命名为"世界优秀月季园"。该园位于德国图林根州。是许多月季发烧友们向往的地方。

不同的食用方法决定用什么样的月季，例如，菜肴可采用颜色鲜艳的红色、橙色、黄色花朵或花瓣点缀，也可以直接制作菜肴，而少用颜色暗淡的花朵或花瓣制作。又如，月季酱应选用浓香的月季制作，否则成品缺乏其特有的月季花香。无论食用什么月季，食用方法如何，特别注意首先是无农药残留，食用的月季严禁喷洒农药，其次是应新鲜、无污损。

月季主要有油炸、冲泡、煮粥、熬汤、腌渍蜜饯、蛋糕等多种食用方法。以下重点介绍其中几种制作方法。

酥炸月季花

用月季花瓣100g，面粉100g，鸡蛋100g，牛奶200g，辅料选发酵粉2g，白砂糖100g，食盐5g，色拉油50g。将花瓣加糖腌制30分钟备用。在蛋清中加入白砂糖、牛奶搅匀后加入面粉，油、盐及酵母粉，搅成面浆，最后加入糖渍花瓣，搅拌均匀后，用汤勺舀面浆于五成热油中炸酥，此菜可活血化瘀。

月季荸荠饼

将适量的枣泥白糖、15g月季酱、一朵鲜月季花末混合，用猪油在锅内煸炒成馅，再将750g削皮荸荠做成茸，用纱布挤出水分，加适量面粉，制成30个装入馅的丸子，并蘸满芝麻。用猪油炸成深红色，沥油压扁盛入盘中，撒上白糖，其外焦里嫩、香甜爽口。

月季花粥

用精米100g，月季花50g，辅料有桂圆肉50g，蜂蜜50g。将精米清洗干净，用冷水浸泡30分钟后捞出，将桂圆肉切成糜备用。锅内加入1000ml冷水，将精米、桂圆肉放入，用旺火烧开后，改用小火熬成粥，凉至70~80℃，放入蜂蜜和月季花瓣，搅拌均匀即可食用。此粥治月经不调。

月季（玫瑰）黄油

用瓷罐或其他瓷质容器，在其底部放置一层甜黄油，再放一层洗过但没有水分的月季或玫瑰鲜花瓣，如此交替直至放满并密封，置于冰箱冷藏数日，食用前与黄油混匀即可。

月季（玫瑰）蜜饯

选择月季或玫瑰花瓣，用水冲洗干净，晾干水分后，用打出泡沫的蛋清涂蘸花瓣两面，然后用白砂糖涂蘸花瓣两面并单层置于盘中，放入冰箱或其他冷凉环境数日，使其干燥，即可食用。

月季番茄菜花

鲜月季花一朵、鲜菜花500g、番茄酱、花生油、鸡蛋、面粉、淀粉、味精、香油、白糖、葱姜蒜、鸡汤各适量。将月季花去花萼、花托后洗净切成丝，菜花切成小块放入碗里加盐、味精腌制入味，葱姜蒜切成细末。

将食盐、料酒、味精、白糖、淀粉、鸡汤盛在碗内兑成芡汁，将鸡蛋磕入碗内加湿淀粉、面粉调成稀糊。将锅内花生油烧成六成热，将每块菜花裹满蛋糊，炸成浅黄色，捞出控油，锅内留少量油烧热，将茄酱番炸熟，放入葱姜蒜末炒出香味时，下芡汁炒熟，淋少许香油，迅速倒入炸好的菜花翻炒，待番茄酱裹于菜花，即可出锅，并迅速撒上月季花丝。

月季翡翠蚕豆

月季花一朵，鲜嫩蚕豆500g、食盐、味精、料酒、白糖、胡椒面、湿淀粉、猪油、鸡汤、葱段、姜片各适量，鲜月季花去花萼花托洗净，嫩蚕豆去皮备用。

烧热炒锅放入猪油，烧成七成熟时，倒入蚕豆，炒熟后倒入漏勺内控油，锅底留底油，待油烧热时投入葱段、姜片炒熟注入鸡汤，汤烧沸后捞出姜片，下入蚕豆，加入食盐、味精、料酒、白胡椒面、白糖、用湿淀粉勾成稀芡，淋上熟猪油，出锅，将鲜花瓣撒于蚕豆上即可。此菜色泽艳丽、绵软可口、营养丰富。

092 月季花茶是怎样做成的?

月季花茶属食品类中泡饮产品,从原料加工到成品包装等各个环节要求都十分严格,单从月季花茶的品种选择就很讲究。首先,必须保证不打农药,施用有机肥,品种浓香,颜色初露。适合制成月季花茶的品种通常选择'珠墨双辉''吉普赛''香金''红双喜''友谊''粉和平''最佳芭蕾舞女郎''香云''墨绒''仙容''蓝香''蒂芬'等,这些品种是部分浓香型的代表品种。

093 月季精油有哪些功效?

以月季或玫瑰制作的精油产品十分丰富,有各种品牌香水香精、甘油溶剂、爽身粉、肥皂等。其功效主要有愉悦心情、祛斑美颜、润肤洁肤、活络血脉、驱虫避邪、镇静爽身、顺气解毒、止痒行气、改善失调、消除疲劳等。

1
2

01　万花簇拥的桑格豪森欧洲月季园小径。

02　盛放的月季花坛内,配以神秘的蓝色熏衣草,形成绝佳的多面观花境。

094 网络上购买月季应该注意什么?

网络购买月季,应该注意以下几点。

1. 植株健壮、枝条成熟,无损伤、无病虫害。

2. 根系发达无腐烂无根瘤。

3. 株数准确无误,挂牌名称与实际品种相符。

4. 包装材质符合月季活体长途邮购特点(潮湿、严密)。

另外,网购月季应尽量避开高温高湿季节,以天气冷凉网购为最佳时段。

095 放在居室内的月季鲜切花怎样才能延长瓶插观赏期?

月季鲜切花的观赏一般情况下,用花瓶放上半瓶或大半瓶自来水,将其斟入瓶内即可。观赏期一般在七天左右。若延长瓶插观赏期可按如下方法操作。

将10～15g红糖或白糖(以红糖为佳)倒入花瓶,用少许温水化开,然后兑半瓶或大半瓶凉开水备用。将月季鲜切花的切口用剪刀剪开,剪开长度为5cm。然后将其斟入瓶内即可。这样可以延长3~5天观赏期。夏天瓶插每3天换糖水一次,冬季每五天换糖水一次。

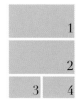

01　桑格豪森欧洲月季园林木葱郁景色宜人。

02　该园位于丘陵顶部,近看万花怒放,远眺天地相连。

03、04　该园内盛开的菊花形(左)与包心菜形(右)月季。

桑格豪森欧洲月季园内奇特造型的人物雕塑平添了月季园的神秘感。

PART **9**

展览交流

　　月季展览内容大致有以下方面：盆栽精品月季、月季盆景、插花、月季玫瑰衍生品、室外月季造景、月季与生产企业、月季书画摄影等，随着会展思路不断创新，月季展览的内容也在悄然变化，城市与月季、农业精品、花卉园艺、农产品展销、旅游产品等正逐步登台亮相。

展会上各种月季衍生品。

瓶插月季琳琅满目，令人目不暇接。

世界月季联合会是世界上最大的非政府非营利的花卉组织,1968年在英国伦敦成立,1971年首届世界月季联合大会在新西兰召开,目前有会员国39个。

世界月季联合会的宗旨是:

1. 鼓励并推进各国月季协会之间有关月季的信息、学术交流;

2. 协作举办国际性会议和展览会;

3. 鼓励并赞助在适当时期举行有关的学术研讨;

4. 建立统一标准以评定新育成的月季新品种;

5. 协调推进月季品种的登录工作;

6. 建立月季分类的统一标准;

7. 颁发国际荣誉称号或国际奖;

8. 鼓励并推进有关月季的其他国际合作事宜。

中国花卉协会月季分会(以下简称中国月协),于20世纪90年代加入世界月季联合会(以下简称世界月协)。最近十几年以来,中国月协与世界月协往来密切,多任世界月协会长、秘书长等访问我国,参加了许多月季花事活动,并在双方共同努力下,在江苏常州成功举办了2010年世界月季洲际大会。世界月协官员深入月季生产企业,深入田间地头现场考察,指导工作,增进了互信与友谊,推动了国内月季产业发展。2016年在北京大兴成功举办了世界月季洲际大会和世界古老月季大会,将双方合作再次推向高潮。

中国月协多年来积极组织参与由世界月协发起的各种国际月季花事活动。2006年,中国月协率代表团参加了在日本大阪举行的世界月季大会,受到日本王室接见。2007年,本书作者受邀以国际评委身份参加了在卢森堡、法国、德国、荷兰等国举办的多场新品种评判活动。2009年,中国月协率代表团参加了在加拿大温哥华举行的世界月季大会,会上深圳人民公园获得"世界优秀月季园"荣誉称号,这是中国在国际月季界获得的首块月季专类园的金字招牌。2012年,中国月协及常州市园林绿化管理局等单位率代表团参加了在南非约翰内斯堡举行的世界月季大会,会上常州紫荆公园国际月季园获得"世界优秀月季园"荣誉称号,同年,中国月协及三亚市政府率代表团赴欧洲多国邀展并考察月季玫瑰产业……

多年的友好往来,进一步密切了双方的关系,增进了互信与友谊,愿和平之花长开不谢。

国际月季评选是由谁发起组织，获奖作品如何产生？

　　国际月季评选一般由所在国月季组织、当地政府主管部门及世界月协等发起，并组织评选活动。月季评选为10分制。

　　考核内容主要有：总体印象、健壮程度、活力、生长习性、性状、颜色、连续开花特性、香味及新奇性等。9~9.9分为杰出，8~8.9分为优秀，7~7.9为较好，6~6.9分为平常，5~5.9分为较差。品种考核时评委人手一表，分别打分，汇总裁判，评选活动公平、公正、公开。评选结果一般在当天的晚宴中揭晓，颁奖现场展示获奖的品种同时，向获奖者颁发奖励证书，奖章或奖金等。

本书作者与国外同业者共同审评月季。

在月季发达国家如美国、法国、英国、荷兰、日本等国，月季的评选活动有着旺盛的生命力，其奖项也是名目繁多，许多奖项世界著名，甚至具有权威性，荣获著名奖项的月季品种，其商品价值、观赏价值往往是世界性的。主要的月季奖项有以下几种。

1. 全美月季优选奖（ALL America Rosa Seletion，AARS）

2. 巴登巴登金奖（Baden-Baden GM）

3. 波特兰金奖（Portland GM）

4. 贝尔法斯特金奖（Belfast GM）

5. 约翰库克金奖（John Cook GM）

6. 海牙金奖（Haga GM）

7. 里昂金奖(Lyon GM)

8. 日内瓦金奖(Geneva GM)

9. 新西兰南太平洋金星奖（NZ Gold Star of the South Pacific）

10. 日本月季竞赛奖（Japan Rose Concours）

11. 罗马金奖(Rome GM)

12. 英国皇家月季协会金奖(Royal National Rose Society GM)

13. 世界月季联合会特别奖（Wold Federation of Rosa Societies WFRS Hall of Fame）

本书作者在保加利亚与当地儿童在一起。